Geschichte des Gens

ANHANG

EIN HÜBSCHES WORT

Wer die Geschichte des Gens schreiben will, sollte gleich zu Beginn genau angeben, welche Geschichte er damit meint. Das Gen in den Zellen trägt die Geschichte mit sich herum, die wir als Evolution kennen und die zuletzt auch uns hervorgebracht hat. Das Gen als Konzept der Wissenschaften unterliegt der Geschichte, in deren Verlauf die moderne und sich vornehmlich molekular orientierende Wissenschaft vom Leben entstanden ist. Der mit ihrer Hilfe gelingende Blick auf die Gene hat noch nicht die Grenze seiner Auflösung erreicht und entdeckt immer neue Möglichkeiten des Einteilens und Eingreifens.

Thema dieses Buches sind vor allem die historisch sich wandelnden Einsichten in die Faktoren der Vererbung und die dabei zustande kommenden Ansichten über die Erbelemente. Sie sind zwar zum ersten Mal im 19. Jahrhundert in den Blick der Naturwissenschaft gekommen – in dem berühmten Klostergarten in Brünn, in dem **Gregor Mendel** (1822–1884) Erbsen gekreuzt und ihre sichtbaren Eigenschaften statistisch ausgewertet hat –, den heute so populären Namen »Gene« haben sie aber erst zu Beginn des 20. Jahrhunderts bekommen.

S. 93

Das ebenso beliebte wie hübsche kleine Wort geht auf den dänischen Botaniker Wilhelm Johannsen (1857–1927) zurück. Er orientierte sich am griechischen Begriff *genos* für Geschlecht und wollte mit seinem »Gen« die Objekte charakterisieren, mit denen sich die Wissenschaft von der Vererbung beschäftigen sollte, die bereits drei Jahre zuvor – nämlich 1906 – ihren bis heute verwendeten Namen »Genetik« bekommen hatte. Dieser Ausdruck war von dem Briten William Bateson (1861–1926) nach dem griechischen Vorbild *genetikos* – das Hervorgebrachte – gebildet worden, was an dieser Stelle

3

einen ersten Hinweis darauf erlaubt, wie wenig gradlinig es in der Wissenschaftsgeschichte oft zugeht. Es ist nämlich nicht so, dass Wissenschaftler erst Gene entdecken, dann eine dazugehörige Disziplin namens Genetik etablieren und anschließend nach Eigenschaften suchen, denen man das Attribut »genetisch« beimessen kann. Tatsächlich ist die Entwicklung genau umgekehrt verlaufen. Ohne an Gene zu denken, haben Menschen genetische Erscheinungen bemerkt und erkundet – etwa die Gestaltbildungen der Lebensformen, die das Auge erkennen kann und die sich unter der Bezeichnung Morphogenese erforschen lassen. Und schon am Ende des 18. Jahrhunderts ist »die Notwendigkeit der genetischen Methode für alle Naturwissenschaft« gefordert worden, nämlich von Johann Wolfgang von Goethe (1749 – 1832), der sich im Anschluss an seine Italienische Reise – ab 1795 – für die Metamorphose der Pflanzen interessierte und dabei Fragen nach einem universalen Bauplan formulierte, wie sie die moderne Vererbungsforschung seit einigen Jahren wieder intensiv beschäftigt und wie am Ende des Grundrisses zur Sprache kommen wird.

»Genetisch« meint insofern mehr als »von Genen bedingt« zu sein, und das Attribut hat folglich eine andere Geschichte als das Substantiv »Gen«. Dabei ist nicht auszuschließen, dass beide Entwicklungslinien wieder aufeinander zulaufen, wenn wir ihnen von den genannten Anfängen bis zur Gegenwart folgen, in der eine moderne Molekulargenetik bekanntlich mit Hilfe der Gentechnik Erbmoleküle erst aus Gewebe herausfischen, dann im Reagenzglas zerlegen, anschließend neu zusammensetzen (**Rekombination**) und sie zuletzt erneut in Zellen einfügen kann, wo sie offenbar wieder ihre Funktion erfüllen. Diese Technologie, mit der seit einigen Jahrzehnten die politische Öffentlichkeit aus ihrem wissenschaftlichen Dornröschenschlaf geweckt wurde, sei bereits hier genannt, weil es mit ihrer Hilfe möglich wird, neben den beiden bereits erwähnten Geschichten des Gens noch eine dritte zu erzählen, die davon berichten

S. 108

könnte, wie ein Gen in einen Organismus und seine Zellen gekommen ist. Bislang sind Gene auf natürlichem Wege durch Vermehrungen und Zellteilungen an den Ort gelangt, an dem sie die moderne Forschung heute findet. In Zukunft werden sich mit technischer Hilfe neue Möglichkeiten öffnen, Gene zu platzieren. Längst finden sich Gene aus menschlichen Bauchspeicheldrüsenzellen in Bakterien und Gene aus Mäusen in Fliegen, um nur einige Beispiele zu nennen. Aus ihnen kann man vor allem lernen, dass es tatsächlich Sinn macht, von Genen allgemein zu sprechen, und es nicht immer nötig ist, den Organismus zu nennen, aus dessen Zellen sie stammen.

Erste exakte Erblichkeitslehren

Als Wilhelm Johannsen 1909 seine »Elemente der exakten Erblichkeitslehre« veröffentlichte, waren ihm die nach Gregor Mendel benannten Regeln der Vererbung (**Erbgesetze**) bestens vertraut. Sie lassen sich am leichtesten verstehen, wenn man sich vorstellt, dass es in den Zellen partikuläre Elemente – oder elementare Partikel – gibt, die sie verwirklichen. Der Ausdruck »Elemente« stammt noch von Mendel selbst, der diesen Gebilden eine »lebendige Wechselwirkung« zubilligte, in deren Verlauf die vielfältigen Unterschiede hervortreten, die individuelles Leben ausmachen. Johannsen wollte Mendels Entdeckung durch einen wissenschaftlich fundierten Namen auszeichnen, was konkret bedeutete, dass er ein griechisch klingendes Wort für die Elemente suchte, und so trat das »Gen« auf den Plan, wobei sein Schöpfer festhielt:

»Das Wort ›Gen‹ ist völlig frei von jeder Hypothese; es drückt nur die sichergestellte Tatsache aus, daß ... viele Eigenschaften des Organismus durch besondere, trennbare und somit selbständige ›Zustände‹, ›Grundlagen‹, ›Anlagen‹ – kurz, was wir eben Gene nennen wollen – bedingt sind.« Johannsen betonte ausdrücklich: »Zur Zeit ist keine Vorstellung über die Natur der ›Gene‹ genügend begründet.«

S. 96

Er bestand darauf, das Gen »nur als eine Art Rechnungseinheit zu verwenden«, und fügte hinzu, niemand habe »das Recht, das Gen als morphologisches Gebilde zu bezeichnen.«

Das derart postulierte Gen sollte die Grundlage für eine exakte Wissenschaft ergeben, wie der Titel seines Buches nahe legt – das Prädikat »exakt« war bis dahin nur der Physik und der Chemie vorbehalten. Diese beiden Disziplinen gingen nämlich mathematisch vor und operierten mit Zahlenwerten, die aus Messergebnissen stammten. Um ebenso »exakt« werden zu können, benötigte die Genetik ihre eigene »Rechnungseinheit« – eben das Gen –, das man sich unabhängig von den Grundgrößen vorstellte, mit denen etwa die Physik arbeitete. Johannsen und seine Mitstreiter träumten von einer eigenständigen exakten Erblichkeitslehre mit unabhängigen Maßsystemen, die konkurrenzfähig und gleichberechtigt neben Physik und Chemie gestellt werden konnte, ohne jemals in ihr aufzugehen. Anders ausgedrückt: Physiker und Chemiker hatten zunächst nichts auf dem Terrain der Genetik verloren.

So weit sich die Nachwelt inzwischen von den ursprünglichen Definitionen des Gens entfernt hat, so eng ist sie bei einer Gewohnheit geblieben, die ebenfalls Johannsen einführte: »Wenn wir an eine bestimmte Eigenschaft denken, welche durch ein bestimmtes ›Gen‹ bedingt ist, können wir am leichtesten ›Gen der Eigenschaft‹ sagen, statt umständlichere Phrasen wie ›das Gen, welches die Eigenschaft bedingt‹ zu benutzen.«

Die schlechte Gewohnheit, die aus dieser guten Absicht erwachsen ist, lässt sich leicht an der Inflation der Begriffskonstruktionen mit einem »für« in der Mitte ablesen – es gibt inzwischen nicht nur Gene für Augenfarben und Körpergröße, es gibt auch Gene für Untreue, für Neugierverhalten, für das Böse und die Lust auf Kartoffelchips. Es gibt – einigen Zeitungen zufolge – Gene für das Leben und das Sterben, und wer will, kann jeden Tag in den Medien neue Zusammenstellungen dieser Art finden, die meist ohne Sinn sind und sich dem öffentlichen Verständnis dessen in den Weg stellen, was die Genetik über den Menschen sagen kann.

Johannsens heute allen geläufige Bezeichnung für eine Erbanlage greift auf den älteren Ausdruck »Pangen« zurück, der schon im 19. Jahrhundert zirkulierte und einen Gedanken Charles Darwins (1809–1882) aufnahm. Darwins Idee von der verbesserten Anpassung von Lebensformen (Arten) an ihre Umwelt konnte nur funktionieren, wenn die Eigenschaften der Organismen irgendwie von den Zellen abhingen, aus denen sie bestanden (eine Tatsache, die man in den ersten Jahrzehnten des 19. Jahrhunderts nachgewiesen hatte). Die an die Nachkommen zu übertragenden Qualitäten mussten irgendwie aus sämtlichen Regionen des Körpers in das Samenmaterial gelangen, und um auszudrücken, dass wirklich *alle* Teile des Organismus an der Hervorbringung beteiligt sind, sprach man von einer Pangenese. Für Darwin und seine Zeitgenossen war die Idee der Pangenese selbstverständlich, der zufolge die Zellen eines Organismus kleine Einheiten abgeben, die Darwin 1868 »Gemmulae« – lateinisch für »Keimchen« – nannte und »welche durch den Körper frei circulieren und welche, wenn sie mit gehöriger Nahrung versorgt werden, durch Theilung sich vervielfältigen und später zu Zellen entwickelt werden könnten, gleich denen, von welchen sie herrühren.«

Die von Darwin postulierten Gemmulae gibt es nicht; dies ist heute ebenso bekannt wie die Tatsache, dass die Körperzellen nur wenig mit der Fortpflanzung zu tun haben. Sie gelingt den Organismen mit Hilfe so genannter Keimzellen, die wir auch als Ei- und Samenzelle kennen. Die Entdeckung, dass diese Keimzellen ihren besonderen Lebensweg haben, geht auf den Freiburger Biologen August Weismann (1843–1914) zurück, der sie in seinen berühmten »Vorträgen zur Deszendenztheorie« im Jahre 1904 zum ersten Mal öffentlich vorgestellt hat. Weismann entwickelte darin auch eine Theorie der Vererbung, die von einer »Vererbungssubstanz« in den Keimzellen ausging. Sie sollte sich aus einzelnen »Elementen« zusammensetzen, die als unsichtbare »Determinanten« für die sichtbaren Erscheinungen sorgten, etwa als Determinanten von Gliedmaßen.

So neu Weismanns Unterscheidung von Körper- und Keimzellen war, so alt blieb seine Idee einzelner wirksamer Elemente, die sich schon bei Mendel findet und so etwas wie das damalige Denken widerspiegelt. Sie findet sich in aller Klarheit bei dem holländischen Botaniker Hugo de Vries formuliert, der bereits 1889 in seinem Buch *Intracelluläre Pangenesis* erklärte, wie die Eigenschaften des Lebendigen seiner Ansicht nach zustande kommen, nämlich als »das Ergebnis unzähliger verschiedener Kombinationen und Permutationen von relativ wenigen Faktoren«. Damit lag de Vries zufolge die Aufgabe der künftigen Forschung fest. Denn »diese Faktoren sind Einheiten, welche die Wissenschaft zu erforschen hat. Wie die Physik und die Chemie auf die Moleküle und Atome zurückgehen, so haben die biologischen Wissenschaften zu diesen Einheiten durchzudringen, um aus ihren Verbindungen die Erscheinungen der lebenden Welt zu erklären.«

Als de Vries diese Sätze schrieb, kannte er die Arbeiten Mendels noch nicht, obwohl der Augustinermönch seine heute legendären »Versuche über Pflanzen-Hybriden« mehr als dreißig Jahre zuvor vorgestellt und publiziert hatte. Es sollte noch bis zur Jahrhundertwende dauern, bis die Zunft der Vererbungsforscher erneut entdeckte, was Mendel schon 1865 bemerkt hatte: Dass es quantifizierbare Regeln gibt, mit denen die Faktoren (die noch nicht Gene hießen und statt dessen Namen wie Biophoren, Pangene und Gemmulae hatten) von einer Generation zur nächsten weitergegeben werden. Es war dann tatsächlich das Jahr 1900, in dem gleich drei Wissenschaftler das zustande brachten, was gerne als die Wiederentdeckung der Mendel'schen Gesetze gefeiert wird. Die drei Herren heißen Hugo de Vries, Carl Correns und Erich Tschermak. Es war der Tübinger Botaniker Correns, der am besten verstand, was an den Vererbungsregeln entscheidend war, nämlich das zufällige Zustandekommen von Kombinationen aus Erbanlagen im Zellinneren. Von ihm stammt auch die verständnisvolle und eingängige Wortprägung einer »Anlage« oder »Erbanlage«, die später vom »Gen« verdrängt wurde.

Mehr als hundert Jahre nach der Wiederentdeckung der Mendel-'schen Gesetze fällt es ziemlich leicht, von zufälligen Kombinationen zu reden, die Erbelemente (Gene) eingehen, wenn sie weitergegeben werden. Wir sind so sehr an statistische Gesetzmäßigkeiten gewöhnt, dass kaum noch vorzustellen ist, wie schwer es einmal gewesen sein muss, solche Zusammenhänge zu akzeptieren. Das Vorbild aller Wissenschaft war (und ist vielfach noch) die Newton'sche Physik, die Naturgesetze der deterministischen Art vorlegt, mit denen alles berechnet werden kann – etwa die Flugbahn der Rakete, die eine Mondfähre punktgenau auf dem Erdtrabanten absetzen soll. Wenn Gesetze dieser Art wirken, entsteht eine Sicherheit, wie sie selbst Darwin begeistert hat, der annahm, dass die »in so verzwickter Weise voneinander abhängigen Geschöpfe durch Gesetze erzeugt worden sind, die noch rings um uns wirken.« Diese Gesetze sorgen für eine natürliche Zuchtwahl, aus der »unmittelbar das Höchste hervorgeht, das wir uns vorstellen können: die Erzeugung immer höherer und vollkommener Wesen«. Allerdings ist heute klar, dass Darwins Gedanke der Evolution vor allem ein statistisches Gesetz ist, das nicht sagen kann, was die Wirkung der natürlichen Selektion in irgendeinem Einzelfall sein wird, wohl aber, dass sich Organismen, auf lange Sicht gesehen, ihren Lebensumständen anpassen werden und angepasst haben.

Mit Darwins Evolution tritt also in der zweiten Hälfte des 19. Jahrhunderts neben das deterministische eine neue Art von Naturgesetz, nämlich die statistische Art, auf die auch Mendel etwa zur gleichen Zeit stößt, wobei er noch auf eine weitere Komplikation trifft, nämlich die Beobachtung, dass Vererbung nicht kontinuierlich abläuft, sondern diskret (diskontinuierlich) vor sich geht. Dies widersprach dem allgemeinen Vertrauen in Zell- und Lebenssäfte, die auch im medizinischen Denken eine große Rolle spielten. Der feste Glaube, dass die Natur keine Sprünge macht und durchgängig fließend angelegt ist, behauptete lange das Feld. Er wurde durch Beobachtungen von Mischvererbung (*blending inheritance*) verteidigt – etwa wenn die roten und weißen Blüten der Elternpflanzen bei den Nachkommen rosa wurden – und ließ sich auch nicht erschüttern, als die vermischten Qualitäten eine Generation später wieder einzeln (separiert oder segregiert) auftraten.

Mendel hatte bei dem Schritt zum Unstetigen wohl deshalb keine Probleme, weil er Physik studiert hatte und mit atomistischen Konzepten vertraut war. Mendels Elemente – unsere heutigen Gene – können als Atome des Organischen verstanden werden, deren Wechselwirkungen das Leben und seine Qualitäten so hervorbringen, wie die Atome eines Gases die Eigenschaften dieser flüchtigen Stoffe bedingen. Mendel setzte seine Kenntnisse als Physiker weiterhin ein, als er von der Gewohnheit seiner Zeitgenossen abwich, die an *einer* Pflanze *viele* Eigenschaften studierten. Er tat das Gegenteil und studierte jeweils nur *eine* Eigenschaft – etwa die Stellung der Blüten, die Form der Hülse oder die Färbung der Samenschale – an *vielen* Exemplaren. So konnte er die statistischen Gesetzmäßigkeiten entdecken, die heute seinen Namen tragen. In Mendels Originalarbeit findet sich allerdings kein Hinweis auf Erbgesetze. Das Wort »vererben« kommt bei ihm so gut wie nicht vor, wodurch die Frage unvermeidlich wird, was **Mendel** wollte. Wir wissen, was er gefunden hat. Aber wonach er gesucht hat, ist schwieriger zu sagen.

Die Nachwelt lernte aus seiner Arbeit, dass die Vorstellung von kontinuierlicher Vererbung nicht zu halten und statt dessen nach den physikalisch-chemischen Gebilden in der Zelle zu fragen war, die als Träger der Erbanlagen in Frage kamen. Am deutlichsten hat dies der Engländer William Bateson formuliert, der 1902 in einer Art Verteidigungsschrift *Mendel's Principles of Heredity* gegen die Vertreter der Kontinuitätsthese verteidigte. Bateson forderte auch, Mendels Einsicht ernst zu nehmen, dass es zwei Varianten der Erbfaktoren in jeder Zelle gibt. Bateson nannte das zweite Element nach dem griechischen Wort für »andere« (»allelen«) Allelomorph, was im heutigen Sprachgebrauch zu Allel verkürzt worden ist. Ein Gen gibt es in zwei allelen Formen, eine Zelle verfügt über zwei Allele, die meistens verschieden sind, aber auch gleich sein können. Im ersten Fall – so schlug erneut Bateson vor – sind die Zellen (und damit der aus ihnen bestehende Organismus) heterozygot, und im zweiten Fall sind sie homozygot. Die beiden Nachsilben sind natürlich ebenfalls eine griechische Neubildung. Das Wort »Zygote« führte Bateson für die befruchtete Eizelle ein, weil er sich vorstellte, sie sei wie eine Kutsche »zum Losfahren angespannt«, wie das Wort übersetzt werden kann.

Zwar hat Mendel selbst nur mit Erbsen experimentiert, und auch seine Wiederentdecker waren mit der Vererbung von Pflanzen beschäftigt, aber es gab auch Wissenschaftler – wie den britischen Arzt Archibald Garrod –, die sofort erkannten, dass die Erbgesetze auch bei Menschen gültig waren. Garrod hatte sich in den Jahren vor der Wende zum 20. Jahrhundert mit Erkrankungen des Stoffwechsels beschäftigt und bemerkt, dass sie in Familien von Generation zu Generation weitergegeben wurden. Nun glaubte er von den Gesetzen zu lesen, die dahinter steckten, und er interessierte sich sofort für die Elemente, die ihrerseits wiederum dahinter steckten. In ihnen – so vermutete Garrod – muss die wissenschaftliche Basis für das stecken, was er als »chemische Individualität« beziehungsweise als »organische Individualität« bemerkt und bezeichnet hatte: Menschen reagierten individuell verschieden, wenn es etwa um die Anfälligkeit für Infektionen oder um die Wirksamkeit von verfügbaren Medikamenten ging. Diese chemische Individualität müsse in den Genen stecken, und an die gelte es heranzukommen, und zwar weil es für die Medizin wichtig und für die Patienten nützlich sei. Was Garrod wollte, ist inzwischen gelungen, und zwar im Rahmen des Humanen Genomprojektes, das aber erst über die zahlreichen Umwege erreicht wurde, die es noch zu beschreiben gilt. Mit dem Wort Genom bezeichnen die Molekularbiologen die Gesamtheit des genetischen Materials, das sie in einer Zelle antreffen. Sie hoffen, damit den Organismus charakterisieren zu können, der aus diesen Zellen besteht. Deshalb wird auch von einem Bakteriengenom, von einem Fliegengenom oder vom Humangenom gesprochen. Das Fliegengenom gehört an den Anfang der Geschichte, die vom Aufstieg der Genetik zu erzählen ist.

Die Leichtigkeit von Fliegen

Mendel hat mit Erbsen, de Vries mit der Nachtkerze, Johannsen mit Prinzess-Bohnen und die ersten amerikanischen Genetiker haben mit Mais experimentiert, um Wirkungsweise und Wanderungen der Erbelemente zu erkunden und ihr Wechselspiel mit Umweltfaktoren zu analysieren. Johannsen kam dabei als einer der ersten auf die Idee, dass es hier zu folgender Arbeitsteilung kommen könnte: Die Gene legen den Mittelwert einer Größe – etwa des Bohnengewichtes – fest, während die Umweltbedingungen für die Streuung der Einzelwerte zuständig sind, die sich beobachten und messen lassen. Sukzessive nahmen sich die Genetiker nach den pflanzlichen Organismen Schmetterlinge, Heuschrecken, verschiedene Insekten und schließlich auch Vögel vor. Die Arbeiten aus den ersten Jahren des 20. Jahrhunderts scheinen im Rückblick aber alle auf ein und dasselbe zuzulaufen: auf eine Chromosomentheorie der Vererbung. Dieser Begriff wurde zum ersten Mal 1910 gebraucht, und er drückte die Beobachtung aus, dass die Chromosomen sich mit den Zellen teilten und als Träger der Erbanlagen in Frage kamen.

Die Chromosomen waren durch verbesserte Färbemethoden und Fortschritte beim Bau von Mikroskopen gegen Ende des 19. Jahrhunderts immer besser sichtbar geworden. 1888 hatten sie ihren Namen bekommen, und kurz danach war deutlich geworden, dass die Teilung einer Zelle erst die Verdopplung und dann die Trennung von Chromosomen voraussetzte. Jede Tochterzelle bekam die gleiche Anzahl von Chromosomen, die halbiert wurde, wenn als Folge einer so genannten Reifeteilung (Meiose) Samen und Ei für die Keimbahn bereitet wurden. Bei der Verschmelzung von Samen und Ei zur befruchteten Zygote paarten sich die Chromosomen, die vom Vater beziehungsweise von der Mutter kamen, wie die damals neue Wissenschaft der Zytologie berichten konnte. Es waren stets baugleiche Chromosomen, die zueinander fanden und daher als homolog bezeichnet wurden. Man nannte die Körperzellen mit den homologen Chromosomenpaaren diploid (doppelt), und die Keimbahnzellen mit nur dem halben Chromosomensatz haploid (einfach). Man entdeckte sehr viele Merkwürdigkeiten – die Biologie steckt im Gegensatz zur Physik voller Ausnahmen –, zum Beispiel Insektenarten, bei denen Weibchen und Männchen nicht die gleiche Anzahl von Chromosomen lieferten. Die Männchen verfügten über eine ungerade und die Weibchen über eine gerade Zahl, wodurch dann schon früh die Idee aufkam, dass Chromosomen sich nicht nur teilen, sondern auch etwas bestimmen können, nämlich das Geschlecht.

Die mikroskopisch sichtbaren Chromosomen waren somit als eine Art Erbpartikel erkannt worden, ohne allerdings mit den Genen identifizierbar zu sein, die nach wie vor unsichtbar im Zellinneren ruhen mussten. Es gab ja auch viel mehr vererbbare Eigenschaften als Chromosomen, woraus zu schließen war, dass die Gene etwas anderes sein mussten als die Strukturen, die unter dem Mikroskop zu sehen waren. Die naheliegende Aufgabe, nach einer Verbindung von Genen und Chromosomen zu suchen, gingen viele Genetiker damals eher zögernd an, weil einige von ihnen überhaupt nichts von dem »Physikalismus« wissen wollten, den Mendels Erbelemente mit sich gebracht hatten. Diese eher als Schimpfwort verstandene Bezeichnung kam zusammen mit dem gleichbedeutenden Vorwurf des

»Mendelismus« auf, und mit beiden Ausdrücken sollte ein Denken charakterisiert werden, das sich gegen Johannsens ursprüngliche Intention durchzusetzen begann und in Mendels Elementen konkret vorhandene Gebilde mit materieller Basis sah. Gene waren für die »Physikalisten« keine abstrakten Rechnungseinheiten, sondern konkrete Bestandteile von Chromosomen, wie 1910 zum ersten Mal behauptet wurde.

Doch in dem genannten Jahr trat ein amerikanischer Wissenschaftler auf die Bühne der Genetik, der das bald änderte. Er hatte bis dahin Erfahrungen als Embryologe gesammelt und bei seinen zahlreichen Beobachtungen der Formenvielfalt, die von der Natur dabei hervorgebracht wird, die Überzeugung gewonnen, dass es nie und nimmer physikalische Partikel sein konnten, denen wir diese Vielfalt des Lebens verdanken. Gemeint ist Thomas Hunt Morgan (1866–1945), der zunächst an der Columbia Universität in New York versuchte, den Mendelismus zu widerlegen, und dazu einen geeigneten Organismus brauchte. Er sah sich ausführlich im Reich der Biologie um und entschied sich nach langem Suchen für ein winzig wirkendes Insekt, das in den darauf folgenden Jahren zum Star der Genetik wurde und es bis heute geblieben ist. Gemeint ist die Fliege *Drosophila melanogaster*, die Taufliege oder Fruchtfliege, wie sie auch heißt. Die Liebhaberin des Taus – so die Übersetzung des griechischen Wortes *Drosophila* – ist nur etwa drei Millimeter lang, und sie verfügt über vier Chromosomen, an denen sich sofort das Geschlecht erkennen lässt, wie in Abbildung 1 gezeigt wird.

Es kostet wenig Geld und Aufwand, die Fliege *Drosophila* im Laboratorium in den Mengen zu halten, die für genetische Experimente nötig sind. Dazu reichen Gläser, deren Boden mit einer Schicht aus Maismehl, Hefeextrakt und Zucker gefüllt und durch ein so genanntes Agargel gefestigt wird. Zum Glück kann man *Drosophila* leicht untersuchen – nach einer Äthernarkose platziert man ein Exemplar unter dem Präpariermikroskop und hat dann einige Minuten Zeit, bevor die Beinchen wieder zu zappeln beginnen. Was aber vor allem wichtig ist: *Drosophila* verfügt über eine sehr kurze Generationszeit; sie schafft es in zwei Wochen, die Stufen vom befruchteten Ei zur geschlechtsreifen Fliege zu absolvieren. Ein einzelnes Weibchen kann mehrere hundert Nachkommen in die Welt setzen.

Von 1911 an sammelte Morgan eine Mannschaft zur Erforschung der Fliege um sich, die 1928 von New York an die amerikanische Westküste zog und dort im kalifornischen Pasadena am California Institute of Technology den legendären Fliegenraum einrichtete, den es bis heute gibt (und aus dem bis heute Nobelpreisträger hervorgehen). Zu Morgans ersten Mitarbeitern zählten Calvin Bridges, Alfred Sturtevandt und Hermann Muller, und alle zusammen brachten in den folgenden Jahren das Bild von den Genen zustande, das bis weit nach dem Zweiten Weltkrieg Bestand hatte. Gemeint ist das Bild, in dem die Gene den Perlen auf einer Kette gleichen. Gene, so stellten Morgan und sein Team eher gegen ihren Willen fest, liegen auf den Chromosomen so hintereinander wie aufgereihte Perlen. Wichtig war nicht zuletzt die Einsicht, dass immer ein Gen hinter dem anderen liegt und keine Verzweigung erschließbar ist. Trotz nahezu unendlich vieler Kreuzungen kam jedes Gen, dessen Position man in Relation zu anderen bestimmen wollte, immer eindeutig zwischen zwei Genen zu liegen, und niemals tauchten widersprüchliche Kombinationen auf, die eine zusätzliche Dimension zur Erklärung nötig machten. Gene waren linear angeordnet wie die Buchstaben in Wörtern und die Wörter in Sätzen.

Zwar sagte das aufgereihte Perlenspiel mit den Genen nichts über deren chemische Natur aus, aber trotzdem war klar, dass eine Diskrepanz zwischen diesem Ergebnis und Morgans ursprünglicher Zielsetzung bestand. Tatsächlich wurde das Fliegenteam gegen seine Absicht im Verlauf seiner Experimente immer deutlicher darauf gestoßen, dass Mendel Recht und ein Gen eine physikalische Basis im Zellkern haben muss. Johannsens Idee einer reinen Rechnungseinheit machte zwar auch Sinn – aber zu wenig. Die Entdeckung, die Morgan und sein Team machten, bestand im Detail darin, dass sie Genen einen (ihren) Ort in der Zelle zuweisen konnten, wobei sie für den deutschen Ort vornehmer das lateinische *locus* mit dem Plural *loci* verwendeten und somit in die Wissenschaftssprache einführten.

Den ersten Genort – Genlocus – ermittelte Morgan selbst, und zwar mit Hilfe eines Fliegenmännchens, das weiße Augen statt der üblicherweise rot gefärbten hatte. Das auffällige weißäugige Männchen war eines Tages – als Mutante, wie man auch damals schon gesagt hat – in den Gläsern aufgetaucht. Da es sich zunächst um ein einzelnes Exemplar handelte, soll Morgan – so das Gerücht – das Albinowesen wie seinen Augapfel gehütet und sogar mit nach Hause genommen haben. Es gelang ihm zwar bald, das weißäugige Männchen mit einem normalen Weibchen zu paaren, aber da in der ersten Generation (F1) nur Fliegen mit roten Augen auftauchten, konnte er zunächst nicht sicher über den Paarungserfolg sein (rotäugige Männchen schwirrten nun mal die ganze Zeit mit herum). Eine Mutante musste wenigstens noch ein paar Wochen am Leben bleiben, damit Morgan die Ergebnisse der nächsten Generation (F2) anschauen und die Mutante gegebenenfalls noch einmal zur Sache bitten könnte.

Das Fehlen von Weiß in der F1-Generation konnte erwartet werden, wenn die Genvariante, die das Ausbleiben von Rot nach sich zieht, in der Mendel'schen Terminologie der Genetik ein rezessives Allel (und die normale Version seine dominante Form) war. Als Resultat einer ersten Kreuzung kommen nur Kombinationen der beiden Allele in Frage – und damit das Erscheinen von roten Augen. Mit großer Spannung kreuzte man nun die Fliegen der F1-Generation und wartete darauf, welche Gen-Kombination sich jetzt zeigen würde. Das Warten lohnte sich: Die weißen Augen tauchten tatsächlich wieder auf – aber ausschließlich bei Männchen, und zwar genau bei der Hälfte von ihnen. Alle Weibchen zeigten die normale Augenfarbe Rot. Erst

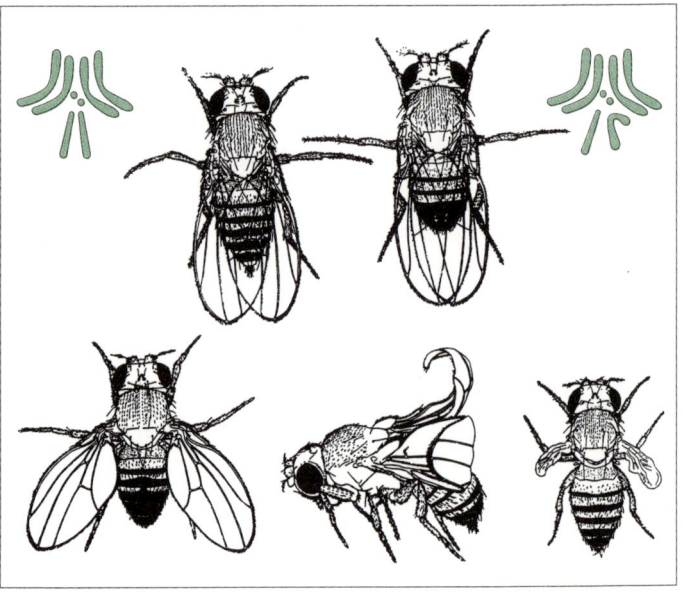

Abb. 1: *Drosophila* mit Chromosomen. Man erkennt oben links das Wildtyp-Weibchen und seine Chromosomen und daneben (oben rechts) das Wildtyp-Männchen mit seinen Chromosomen. Darunter sind drei spontan auftretende Varianten mit Mutationen zu sehen, die zu veränderten Flügeln führen.

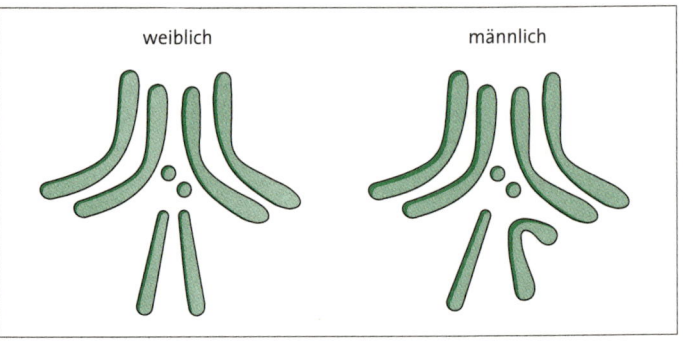

als man die weißäugigen Männchen der F2-Generation mit den rotäugigen Weibchen kreuzte, erschienen unter den nächsten Nachkommen (F3) auch weißäugige Weibchen.

Die Deutung dieses Befundes ist für diejenigen, die nur wenig mit den Tänzen der Chromosomen vertraut sind, eher verwirrend. Sie ist trotzdem eindeutig und wichtig: Die Augenfarbe wird geschlechtsgebunden übertragen, was konkret heißt, dass man grob den Ort kennt, den das Gen für die Augenfarbe einnimmt: Es ist das Chromosom, das dafür sorgt, dass ein Männchen entsteht. Die Eigenschaften »männlich« und »rote Augen« müssen von ein und demselben Chromosom ausgehen, und es lohnt sich, ganz allgemein von dem Gedanken auszugehen – so meinte Morgan bald –, dass jedes Gen seinen spezifischen Locus auf einem Chromosom hat. Statt sich mit der alten Streitfrage abzugeben, ob es Mendels Gene in einem materiellen Sinn des Wortes in den Zellen gibt, sollte man besser versuchen, ihre Ort zu bestimmen. Könnte die Aufgabe eines Genetikers nicht darin bestehen, dies zu tun und mit Hilfe der Ergebnisse eine genetische Karte anzufertigen?

Die Antwort hieß natürlich »Ja«, und um ihre praktische Beantwortung kümmerte sich bereits seit 1913 der bereits erwähnte Alfred Sturtevandt. Er brauchte dazu zunächst eine Menge an veränderten (mutierten) Fliegen, die tatsächlich im Laboratorium in großer Zahl ohne besonderes Zutun auftauchten – es gab Mutanten mit kleineren Flügeln, veränderten Körperformen, merkwürdigen Antennen und kurzen Borsten, um nur einige Beispiele zu nennen. Kreuzte man sie in geeigneter Weise, konnte man beobachten, welche Eigenschaften zusammenblieben (welche also gekoppelt vererbt wurden), welche sich trennten und bei welchen neue Kombinationen (»Rekombinationen«) zustande kamen. In einer exakten Wissenschaft will man etwas zu zählen haben, und was die Genetiker in den folgenden Jahrzehnten so genau und so vielfältig wie möglich bestimmten, waren Rekombinationshäufigkeiten oder Rekombinationsfrequenzen, wie es auch heißt. Mit ihrer Hilfe lassen sich genetische Karten dadurch anfertigen, dass man die Position eines ersten Gens willkürlich festsetzt und in seiner Nähe das Gen platziert, das am seltensten mit ihm rekombiniert, das also am engsten mit ihm gekoppelt ist. Das Anfertigen genetischer Karten erfolgt – grob gesagt – dadurch, dass man Gene, die sehr häufig getrennt und rekombiniert werden, weit auseinander aufträgt, und Gene, bei denen dies sehr selten geschieht, nah beisammen legt. Es wäre natürlich hilfreich, wenn man das Gen, von dessen Ort man ausgeht, so auswählt, dass es am Ende eines Chromosoms liegt. Dies ist bald möglich geworden, und nach kurzer Zeit ließen sich sehr viele Orte auf den vier Chromosomen von *Drosophila* angeben. Die meisten Schwierigkeiten bereitete, geeignete Namen für die Mutanten zu finden. Bald tauchten in den Genetikbüchern Darstellungen der Art auf, wie sie Abbildung 2 zeigt. Sie wurden von Morgan, Bridges und Sturtevandt in den zwanziger Jahren des zwanzigsten Jahrhunderts vorgelegt und später immer wieder ergänzt und verfeinert.

Der Ansatz bei den Rekombinationsfrequenzen funktionierte, weil sich im Lichtmikroskop längst auch der dazugehörige Mechanismus zu erkennen gegeben hatte. Schon 1895 – im Jahr, in dem auch die Röntgenstrahlen entdeckt wurden – bemerkte man, dass die Chromosomen, die 1888 ihren Namen bekommen hatten, ihre Identität während einer Zellteilung behielten. Man konnte ab 1904 genau verfolgen, wie sich Chromosomen paarweise nebeneinander legen, sich überkreuzen (Crossing-over) und ganze Abschnitte austauschen. Nun können Überkreuzungen dieser Art an zwei oder mehreren Stellen innerhalb ein und desselben Chromosoms auftreten, was rasch unübersichtliche Resultate zur Folge hat. Tatsächlich ist das Kreuzen und Analysieren von rekombinanten Lebensformen und das damit mögliche Aufstellen von Genkarten ein höchst schwieriger Prozess, der viel Geduld und Geschicklichkeit verlangt. Aber hier geht es nur um das Prinzip des Vorgangs, bei dem Gene in Relation zueinander gebracht und ihr Abstand voneinander bestimmt werden sollten. Dies ist in Abbildung 3 dargestellt. Die Einheit, in der genetische Karten heute angelegt sind, wird zu Ehren von Morgan als »Zentimorgan« bezeichnet. Die Wahrscheinlichkeit der Rekombination von einem Prozent (1% Crossing-over) wird als Abstand von einem Zentimorgan aufgetragen.

Als Sturtevandt und die anderen Mitarbeiter von Morgan in ihrem Fliegenraum mit dem Anfertigen von Genkarten begannen, konnte niemand ahnen, dass die Gene alle perfekt hintereinander liegen und auch nicht die kleinste Abweichung oder Verzweigung zu finden ist. Dank dieser glücklichen Fügung kamen die Genetiker mit der von ihnen angewandten Methode sehr gut und rasch voran, und bald kannten Morgan und sein Team nahezu sämtliche Gene und deren Positionen, die sich auf diese Weise ermitteln ließen. Je besser sie dabei zurechtkamen, desto deutlicher wurde, dass ihnen eine Sache nicht nur verborgen, sondern völlig schleierhaft blieb – wie Morgan selbst zugab, als ihm 1933 der Nobelpreis Medizin (Physiologie) verliehen wurde: Es war die Natur des Gens oder »die Natur des Prozesses, der zu Mutationen führt.« Er sah es als Aufgabe für die Zukunft an, die physikalischen und physiologischen Vorgänge, die zum Wachstum der Gene und zu ihrer Verdopplung gehören, zu verstehen. Er verlangte nach einer »physikalischen Deutung dessen, was mit den Chromosomen passiert, wenn es zur Rekombination kommt.«

Um diese Aufgaben zu lösen, mussten sich andere Wissenschaftler mit den Genen befassen als die klassischen Genetiker, die mit dem Auge erkennbare Mutanten suchten und sie kreuzten, um Genpositionen zu bestimmen. Sie kamen an dem von Morgan bezeichneten

Abb. 2: Eine genetische Karte von *Drosophila* aus dem Jahre 1922 mit den dazugehörigen Chromosomen. Es ist gar nicht nötig, alle Bezeichnungen der genetischen Karte im Detail zu erläutern: Sie macht sofort deutlich, dass zur Genetik eine gute Buchhaltung gehört und diese Wissenschaft es folglich von Anfang an mit Organisationsaufgaben zu tun hatte.

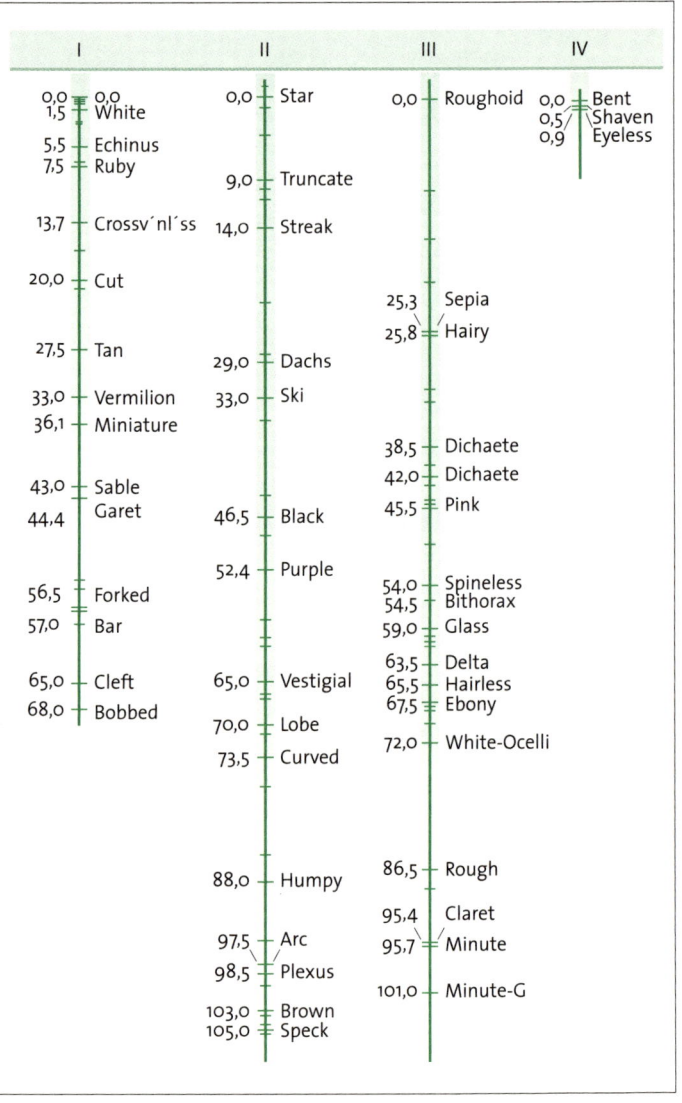

I	II	III	IV
0,0 0,0 White	0,0 Star	0,0 Roughoid	0,0 Bent
1,5			0,5 Shaven
5,5 Echinus			0,9 Eyeless
7,5 Ruby	9,0 Truncate		
13,7 Crossv´nl´ss	14,0 Streak		
20,0 Cut			
		25,3 Sepia	
		25,8 Hairy	
27,5 Tan	29,0 Dachs		
33,0 Vermilion	33,0 Ski		
36,1 Miniature			
		38,5 Dichaete	
		42,0 Dichaete	
43,0 Sable	46,5 Black	45,5 Pink	
44,4 Garet			
	52,4 Purple	54,0 Spineless	
56,5 Forked		54,5 Bithorax	
57,0 Bar		59,0 Glass	
		63,5 Delta	
65,0 Cleft	65,0 Vestigial	65,5 Hairless	
68,0 Bobbed	70,0 Lobe	67,5 Ebony	
	73,5 Curved	72,0 White-Ocelli	
	88,0 Humpy	86,5 Rough	
		95,4 Claret	
	97,5 Arc	95,7 Minute	
	98,5 Plexus		
	103,0 Brown	101,0 Minute-G	
	105,0 Speck		

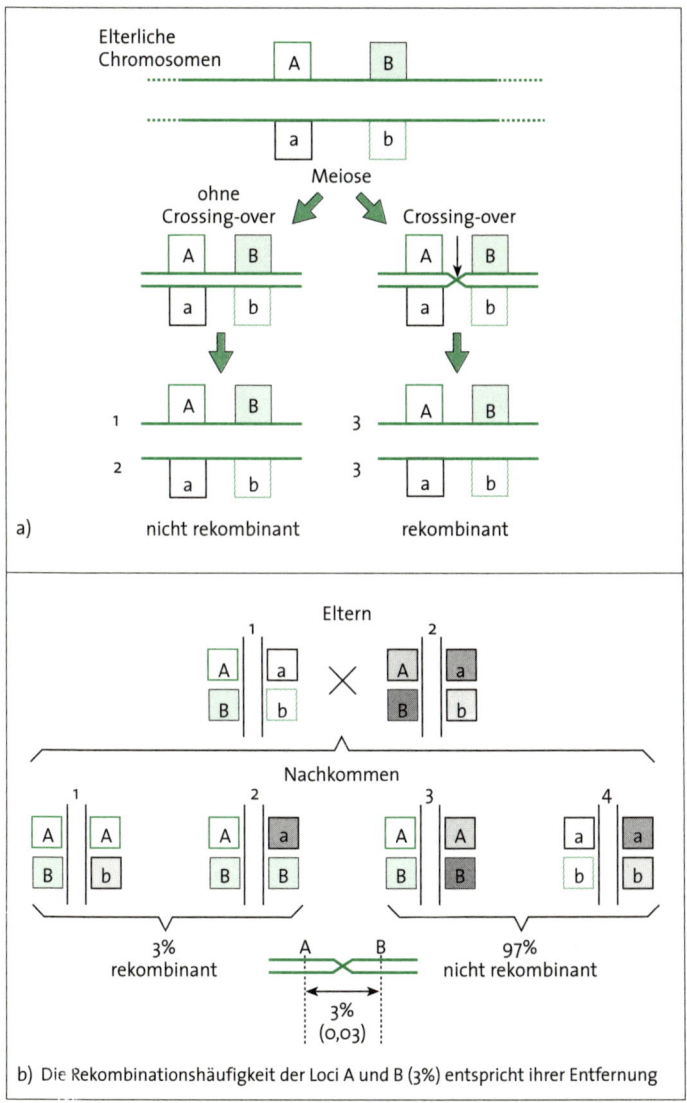

a) nicht rekombinant — rekombinant

b) Die Rekombinationshäufigkeit der Loci A und B (3%) entspricht ihrer Entfernung

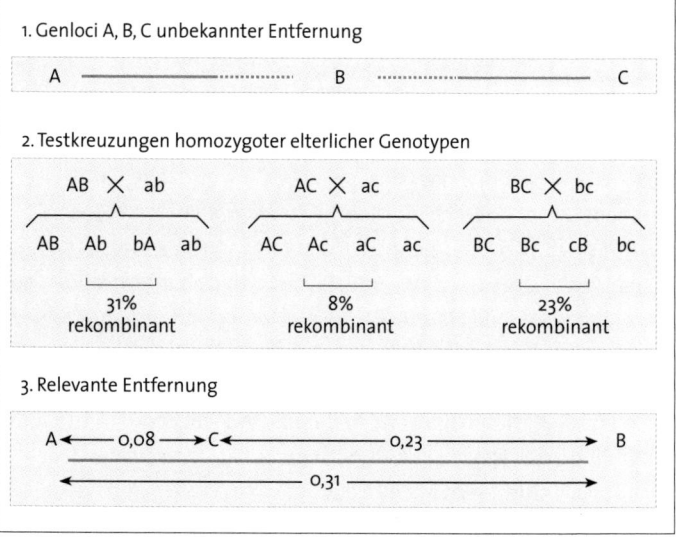

1. Genloci A, B, C unbekannter Entfernung

A ——————·············· B ·············—————— C

2. Testkreuzungen homozygoter elterlicher Genotypen

AB ✕ ab   AC ✕ ac   BC ✕ bc

AB Ab bA ab   AC Ac aC ac   BC Bc cB bc

31%   8%   23%
rekombinant   rekombinant   rekombinant

3. Relevante Entfernung

A ←— 0,08 —→ C ←———— 0,23 ————→ B

←———————— 0,31 ————————→

Abb. 3: Rekombination und Abstandsbestimmung. Zunächst wird gezeigt, wie es durch das Crossing-over zu einer Rekombination von Chromosomenstücken kommen kann (a, links oben). Weiter wird an einem Beispiel demonstriert, wie sich in einem Kreuzungsexperiment die Rekombinationshäufigkeit zweier Loci und damit deren Entfernung voneinander ermitteln lässt (b, links unten). Zuletzt ist erkennbar, wie dasselbe bei drei Genloci gelingen kann, deren Reihenfolge und Abstände durch Rekombination feststellbar sind (c, oben).

Punkt nicht weiter. Für sie war ein Gen ein Ort auf (ein Teil von) einem Chromosom, das sich sowohl bei der Vererbung (Kreuzung) als auch bei der Mutation und erst recht bei der Rekombination (Crossing-over) als Einheit verhielt. Mehr konnten sie allerdings nicht herausfinden. Um weiterzukommen, brauchten sie die Hilfe der Physiker und Chemiker, die dann bald auch kam – und zwar zunächst aus Morgans eigenem Team.

EIN HERRLICHES MOLEKÜL

Auf dem internationalen Genetikerkongress, der im Jahr 1927 in Berlin stattfand, teilte Hermann J. Muller aus dem Kreis der Genetiker um T. H. Morgan mit, dass ihm gelungen sei, mit Hilfe von Röntgenstrahlen **Mutationen** bei der Taufliege *Drosophila* auszulösen. Dabei war ihm nicht nur aufgefallen, dass die spontane Rate an vererbbaren Änderungen um das 1000fache erhöht werden konnte, sondern auch, dass die Häufigkeit vieler Mutationen in dem Maße zunahm, in dem er die Dosis der Strahlung erhöhte.

So selbstverständlich uns dieser Befund aus heutiger Sicht erscheint, so sensationell wirkte er damals. Was bisher unsichtbar und ungreifbar war, konnte auf einmal von außen erreicht werden. Mullers Beobachtung verwandelte die Gene schlagartig in physikalische Objekte, die sich von Röntgenstrahlen treffen und bei dieser Wechselwirkung stabil verändern ließen, denn mit den Mutationen meinte Muller Varianten im Erbgut, die von einer Fliegengeneration an die nächste weitergegeben wurden. Gene (und Genmutationen) gehörten von nun an in den Einzugsbereich der Physik, und es dauerte dann auch nicht mehr lange, bis die ersten Vertreter aus dieser Disziplin begannen, sich mit diesen Gebilden zu beschäftigen, die bis dahin den Genetikern vorbehalten waren.

Der Einzug der exakten Wissenschaften

Das oben genannte Jahr 1927 markiert nicht nur einen entscheidenden Zeitpunkt für die Genetik – nämlich den ihrer Öffnung zu den etablierten exakten Wissenschaften –, es markiert auch einen entscheidenden Zeitpunkt für die Physik, nämlich den Abschluss ihres Wandels von der klassischen Form zur Quantenmechanik. Begonnen hatte der Wandel in demselben Jahr, in das Historiker die Wiederentdeckung der Mendel'schen Gesetze datieren – also im Jahre 1900. Entscheidend dafür war die Beobachtung von Max Planck, dass sich die Wechselwirkung von Licht und Materie nur durch die Annahme erklären ließ, dass die Übertragung der Energie dabei nicht kontinuierlich, sondern unstetig und sprunghaft vor sich ging. Als Planck versuchte, das Licht – konkreter: das Farbenspiel – zu erklären, das ein Festkörper (wie etwa Stahl) aussendet, wenn er immer stärker erhitzt wird, bis er nach rötlichen Anfängen weißglühend schmilzt, führte er nach vielen vergeblichen Bemühungen »in einem Akt der Verzweiflung« die Annahme ein, dass die Strahlungsenergie in diskreten Einheiten, eben den Quanten, vorliege. Plancks Wirkungsquantum erwies sich aber in den kommenden Jahrzehnten als unentbehrliches Hilfsmittel, um die Stabilität der Atome zu verstehen. In ihren ersten Versuchen, konkrete Modelle dieser grundlegenden Bausteine der Materie vorzulegen, präsentierten die Physiker das Atom als ein Miniaturplanetensystem mit negativ geladenen Elektronen, die um einen positiven Kern kreisen. Im Rahmen der klassischen Physik kann solch eine Konstellation allerdings nicht stabil sein, denn aufgrund seiner Ladung strahlt das bewegte Elektron Energie ab, wodurch es zuletzt in den Kern stürzen würde. Mit den Quanten ergab sich nun die Möglichkeit, dieses Zusammenfallen zu verhindern, denn wenn sich die Energie nur sprunghaft ändern kann, braucht sie dazu einen Anlass von außen. Das von Planck eingeführte Quantum stellt eine Art Schwelle dar, über die Elektronen in einem Atom normalerweise nicht kommen, womit – etwas ungewohnt, aber nachvollziehbar – die Stabilität der Materie erklärbar wird.

Und was hat das nun mit den Genen zu tun? Da ist zunächst die Beobachtung, dass die Physiker das Wechselspiel von Licht und Atomen untersuchten, während die Genetiker nach Mullers Entdeckung das Wechselspiel von Licht und Genen untersuchen konnten. Die Physiker wollten die Stabilität der Atome verstehen, die Genetiker die Stabilität der Gene respektive der Mutationen begreifen. Die Physiker hatten verstanden, dass sie nur Erfolg haben konnten, wenn sie diskrete Quantensprünge – von einem stabilen Zustand in einen anderen – zuließen. Die Genetiker hatten längst gesehen, dass es solche Sprünge im Leben natürlich auch gab, nämlich in Form der sichtbaren Mutationen, die sich ja nicht als kontinuierlicher, sondern als abrupter Wandel etwa in der Augenfarbe oder der Flügelform bei *Drosophila* zeigten.

Aus alledem konnte der Schluss gezogen werden, dass sich die Biologie im Allgemeinen und die Genetik im Besonderen dann ähnlich erfolgreich wie die Physik entwickeln könnten, wenn es gelingen würde, das Wechselspiel von »Licht und Leben« so zu verstehen, wie Max Planck und seine Nachfolger das Wechselspiel von »Licht und Materie«. So wie man das Licht benutzt hatte, um eine Theorie der Materie aufzustellen, sollte man die Strahlung benutzen, um eine Theorie der Vererbung – als Teil des Lebens – aufzustellen.

Diese Perspektive, die durch Mullers Entdeckung der Induzierbarkeit von Mutationen möglich wurde, hat als erster in konkreter Form der große dänische Physiker Niels Bohr in einem Vortrag mit dem Titel »Licht und Leben« entwickelt, den er 1932 in Kopenhagen hielt. In den fünf Jahren zwischen Mullers Entdeckung und Bohrs Vortrag waren viele Bemühungen unternommen worden, um die Rolle der Röntgenstrahlung, die man sich als Licht mit besonders hohen Energien vorstellen kann, genauer zu verstehen und zum Beispiel herauszufinden, was konkret mit den Energiequanten passiert, wenn sie als Strahlung auf lebendiges Gewebe treffen. Mit welchem Stoff beziehungsweise mit welchen Molekülen kommen sie dabei in Kontakt? Wo genau und wie treffen sie auf einer Zelle auf?

Das Interesse an Auswirkungen der Röntgenstrahlen war allein deshalb groß, weil die Möglichkeit bestand, dass Mullers Entdeckung zum Verständnis der Evolution beitragen konnte, etwa indem sie Auskunft über die Mutationsraten von Genen gab, die zum Wandel des Lebens notwendig waren. Außerdem war der Gedanke naheliegend – und er wurde auch in vielen Laboratorien bestätigt –, dass nicht nur die Röntgenstrahlen, sondern zum Beispiel auch ultraviolettes Licht mutagene Effekte haben und Genvariationen bewirken können. Doch trotz all der zunehmenden Detailkenntnisse im Experiment dauerte es noch einige Jahre, bis die richtigen theoretischen Konsequenzen gezogen wurden, die sich bis heute als maßgeblich und relevant erwiesen haben. Sie stammen im Wesentlichen von einem jungen Physiker namens Max Delbrück, der bei dem oben erwähnten Vortrag »Licht und Leben« zuhörte, Bohrs Aufforderung ernst nahm und sich konkret an die Arbeit machte. Delbrück stammte aus Berlin, wo er sich seit den frühen dreißiger Jahren mit Genetikern wie Nicolai Timoféef-Ressovsky zusammentun konnte, die angefangen hatten, neben dem Aussehen der Fliege *Drosophila* auch deren Verhalten zu erkunden. Im Detail wollte man in Berlin Aufbau und Arbeitsweise des Gehirns mit genetischen Mitteln erkunden, und dabei war es tatsächlich gelungen, erste Mutationen aufzuspüren, die Störungen bei der Entwicklung oder dem Funktionieren des Nervensystems nach sich zogen. Timoféef-Ressovskys Grundidee bestand darin, dass man komplizierte Systeme vorsichtig zerlegen muss, um sie aus ihren Bestandteilen heraus erkennen zu können. Und er stellte sich vor, dass es kein Messer gibt, das feiner schneidet als eine genetische Mutation, die jetzt ihrerseits durch Röntgenstrahlen induziert werden konnte.

Delbrück bewunderte dieses Konzept, legte seinen Bemühungen aber einen einfacheren Ansatz zugrunde. Er nahm an, dass die Röntgenstrahlen direkt auf Gene treffen und fragte sich, ob er unter dieser Vorgabe etwas über ihre Größe erfahren könnte. Physiker kennen solche Ansätze unter dem Stichwort »Streuquerschnitt«, und mit dem Rüstzeug seines Faches machte sich Delbrück daran, das zu entwerfen, was damals in Wissenschaftskreisen unter dem Titel »Target Theory« oder »Treffertheorie« bekannt und von vielen umzusetzen versucht wurde. Gene wurden als Targets – als physikalische Zielobjekte – für Röntgenstrahlen verstanden, und die Bemühungen der Physiker drehten sich darum, aus der Wirksamkeit von Strahlungsdosen etwas über die Ausmaße und die Dimensionen der Gene zu erfahren, die zwar nach wie vor unerkannte Gebilde in den Zellen waren, die aber jetzt gezielt in Angriff genommen und auch erreicht werden konnten.

Mit diesem Ansatz konnte man sich den Genen zwar zum Ersten im Rahmen einer exakten Wissenschaft – der Physik – nähern, doch dieses Bemühen scheiterte, weil damals nur direkte Treffer berücksichtigt wurden, während man heute weiß, dass die Strahlen die Gene mehr indirekt über Veränderungen im Zellmilieu beeinflussen. Geblieben ist von all diesen Bemühungen weniger eine quantitative als vielmehr eine qualitative Auskunft über Gene. Gemeint ist dabei vor allem ein Satz, den Delbrück zusammen mit zwei Kollegen in einer Arbeit aus dem Jahre 1935 publizierte, die unter dem Titel *Über die Natur der Genstruktur und der Genmutation* erschienen ist. Der Satz lautet: »Ein Gen ist ein Atomverband, der als Einheit unterhalb der Ebene der Zelle existiert.« In dieser Formulierung stecken zwei Erkenntnisse. Zum einen bestehen Gene aus Atomen, sie sind also Moleküle und somit einer physikalisch-chemischen Analyse zugänglich (ohne dass bislang etwas über deren Größe gesagt worden ist). Zum anderen stellen Gene eine eigene Einheit des Lebens dar, die selbständig neben die der Zelle tritt und damit – wie sie – besondere Aufmerksamkeit verdient.

An dieser Stelle muss darauf hingewiesen werden, dass es im frühen 19. Jahrhundert lange gedauert hat, bis die Biologen der Ansicht waren, dass sowohl alle Pflanzen als auch alle Tiere aus Zellen bestehen. Und im frühen 20. Jahrhundert war keineswegs klar, dass alle Organismen über Gene verfügten, so wie es Delbrück universal behauptete. Dass er im Rückblick Recht gehabt hat, macht es für seine Zeitgenossen nicht leichter, den Satz als gültig und richtungsweisend anzusehen, und durchgesetzt hat sich Delbrücks Gedanke zunächst vor allem deshalb, weil er von einem berühmten Physiker aufgenommen und propagiert worden ist.

Gemeint ist Erwin Schrödinger, der an der Formulierung der Quantenmechanik maßgeblich beteiligt war und dafür mit dem Nobelpreis ausgezeichnet worden ist. In seinem Buch mit dem Titel *Was ist Leben?* bezeichnet Schrödinger den eben zitierten Sachverhalt als »Delbrücks Modell« des Gens und legt es all den Wissenschaftlern ans Herz, die versuchen wollten, das Rätsel des Lebens zu lösen. Schrödingers Buch ist in den Jahren des Zweiten Weltkriegs entstanden und hat einen ungewöhnlichen Einfluss auf die Entwicklung der Molekularbiologie ausgeübt, die in den 1950er Jahren entstand.

Zur selben Zeit, da Schrödinger Delbrücks Atomverband als Ausgangspunkt für weitere Erkundungen in der Genetik empfiehlt, identifiziert ein Team von Medizinern und Biochemikern an der Rockefeller Universität in New York die molekulare Basis der Gene. Oswald Avery und seine Mitarbeiter melden im Jahr 1944, dass sie einer chemischen Substanz genetische Relevanz zuordnen können. Die Substanz gehört zu der Gruppe der Nukleinsäuren, weil sie in chemischen Versuchen als (milde) Säure reagiert und im Kern (lateinisch: *nucleus*) von Zellen vorhanden ist, und sie heißt konkret Desoxyribonukleinsäure – abgekürzt im Englischen als **DNA** –, weil die Chemiker ihren Zuckeranteil Desoxyribose nennen.

S. 100

Der Stoff namens DNA war den Chemikern schon länger bekannt, ohne dass sie ihm eine Aufgabe im Zellgeschehen geben konnten. Die Substanz wirkte eher unwichtig und reaktionsträge, und wenn man überhaupt Vermutungen über den chemischen Aufbau der Gene anstellte, dachte man an die Moleküle, die wir noch als Proteine kennen lernen werden. Auch Avery und sein Team hätten auf diese Stoffklasse gewettet, als sie nach dem Faktor suchten, von dem sie wussten, dass er in der Lage war, Bakterien eine neue Eigenschaft zu geben, die auch vererbt wurde. Die Wissenschaftler sprachen konkret von einem »Transformationsprinzip«, dem sie auf der Spur waren und dessen materielle Basis sie suchten, wobei die Verwandlung (Transformation) darin bestand, dass aus eher harmlosen Bakterien durch Zugabe einer äußerst stabilen chemischen Substanz gefährliche Krankheitserreger geworden waren, die diese gefährliche Qualität an nachfolgende Generationen weiterreichten. Durch traditionelle chemische Trennverfahren gelang es dem Team der Rockefeller Universität, das Transformationsprinzip aus den Bakterien zu isolieren und seine Zusammensetzung zu analysieren. Die Antwort überraschte damals alle, nicht zuletzt Avery selbst, denn sie lautete DNA.

DNA – das war damals eine Abkürzung unter vielen, und damit wurde ein Stoff bezeichnet, von dem man die genaue Zusammensetzung nicht kannte. Außerdem gab es Zweifel am Ergebnis von Averys Gruppe: Konnte es nicht sein, dass sie irgendwelche Stoffe übersehen hatten? Überhaupt: Konnte man bei Bakterien eigentlich von Genen reden? Die Genetiker hatten sich doch bislang nur um Lebensformen gekümmert, die sich auf geschlechtliche Weise vermehrten, und alles, was man damals von Bakterien kannte, wies darauf hin, dass sie sich einfach nur teilten, ohne etwas anderes zu tun und etwa genetisches Material auszutauschen. Und selbst wenn alles seine Richtigkeit hatte – Averys Experimente zeigten doch bestenfalls, dass die DNA eine Komponente der Erbsubstanz bildete. Sie zeigten keinesfalls, dass die DNA die einzige Molekülsorte war, aus der die Gene bestanden.

Das letzte Problem wurde im Jahre 1952 gelöst, und zwar von den beiden amerikanischen Genetikern Martha Chase und Alfred Hershey. Sie arbeiteten mit Viren, die Bakterien zerstören können und deshalb auch Bakteriophagen (»Bakterienfresser«) oder kurz Phagen hießen. Doch bevor wir ihr Experiment schildern, mit dem die große Entdeckung des Jahres 1953 vorbereitet wurde – die Entdeckung der Doppelhelix als Struktur der DNA –, müssen wir erläutern, wie es dazu gekommen ist, dass in den fünfziger Jahren unter Genetikern immer weniger von Fliegen und Pflanzen, und immer mehr von Bakterien und Viren die Rede war. Es waren nämlich diese kleinen Lebensformen, mit denen die großen Fortschritte der Genetik in Gang kamen, die uns heute beschäftigen.

Große Fortschritte mit kleinen Lebensformen

Als in den dreißiger Jahren des 20. Jahrhunderts T. H. Morgan von Kalifornien aus die Vertreter der Physik und Chemie einlud, den Genetikern zu helfen, die Frage nach der Natur der Gene zu beantworten, und als zur gleichen Zeit Delbrück in Berlin von den Genen als Atomverbänden sprach – da überlegten sich an der amerikanischen Ostküste einige Wissenschaftsfunktionäre der Rockefeller Stiftung unter Leitung von Warren Weaver, ob es nicht möglich sei, aus der bisher eher deskriptiven und wenig theoretischen Biologie eine mathematisch fundiertere und somit exaktere Wissenschaft zu machen. Sie träumten von einer präzisen und wirksamen »Science of Man«; und es ist oft spekuliert worden, dass im Hintergrund solcher Überlegungen die Hoffnung stand, gesellschaftliche Probleme – wie etwa Alkoholismus oder hohe Scheidungsraten – technisch (biologisch) zu lösen. Eine wichtige Entscheidung bestand darin, die (in Amerika betriebene) Wissenschaft der Genetik dadurch voranzubringen, dass man theoretisch ausgebildete und mathematisch versierte Forscher einlud, in die USA zu kommen, wobei die Bereitschaft der europäischen Forscher, dem Ruf von Rockefeller zu folgen, weniger durch das amerikanische Geld als vielmehr durch die Angst vor dem Krieg erhöht wurde, der in den späten dreißiger Jahren immer wahrscheinlicher wurde. Mit der Kriegsbereitschaft der Nazis argumentierten auch die Beauftragten der Rockefeller Stiftung, die eines Tages bei Delbrück in Berlin anklopften, der sich auf ihr Werben einließ und bald die Reise nach Kalifornien antrat, um an Morgans Institut seine biophysikalischen Arbeiten fortzusetzen und dort die Natur des Gens zu erkunden.

Das Programm, unter dem die Rockefeller Stiftung solche interdisziplinären Kooperationen finanzierte, lief zwar zuerst noch unter dem Titel »Mathematische Biologie«, bekam aber im Jahre 1938 den maßgeblichen, heute weitverbreiteten und wie selbstverständlich gebrauchten Namen der »Molekularbiologie«. Als dieser Ausdruck zum ersten Mal vorgeschlagen wurde, hatte Delbrück gerade sein Interesse an *Drosophila* verloren und begonnen, die oben erwähnten Bakteriophagen zu untersuchen, und zwar unmittelbar unter den Augen des skeptisch bleibenden Morgan und seines Teams. Der Wechsel von der Fliege zu den Phagen brachte erneut Delbrücks Hintergrund der Physik zum Vorschein, und er folgte dabei wieder einem Ratschlag von Bohr. Bohr hat in vielen Gesprächen immer wieder daran erinnert, dass die ersten Erfolge der neuen Physik im 20. Jahrhundert nach der Entdeckung der Quantensprünge nur möglich geworden sind, weil man ein einfaches Gebilde wie das Wasserstoffatom zur Verfügung hatte, das nur aus einem Proton und einem Elektron besteht. Man konnte versuchen, die richtigen Gesetze für diesen Fall zu raten, um sie anschließend auf kompliziertere Atome (Helium, Lithium) anzuwenden und zu prüfen, ob sie hier noch funktionieren.

Delbrück hielt also seine Augen offen, ob es irgendwo ein Wasserstoffatom der Genetik gab, also eine Lebensform, die nichts tat, außer vielleicht da zu sein und sich zu vermehren, und 1938 wurde er mit den Phagen fündig. Die Existenz solcher Lebensmöglichkeiten, von denen man zunächst nur wusste, dass sie kleiner als Bakterien waren, war seit etwa 1915 bekannt, und es gab auch Verfahren, um ihr Wirken zu beobachten. Die Biologen ließen zu diesem Zweck Bakterien auf einem Nährboden wachsen, um sie anschließend mit einer phagenhaltigen Lösung zu begießen. Über Nacht bildeten sich Löcher in dem Bakterienrasen, die man Plaques nannte und quantitativ auswerten konnte (Abbildung 4).

So einfach diese Versuche waren und so klare Ergebnisse sie in quantitativer Hinsicht zeitigten, etwa indem sie zu bestimmen er-

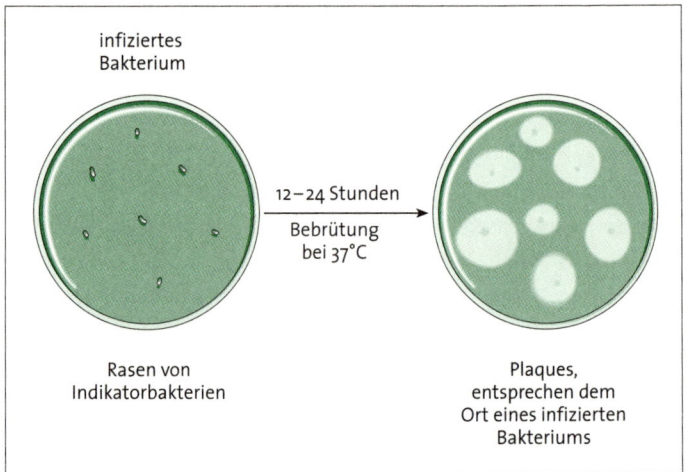

infiziertes
Bakterium

12–24 Stunden
Bebrütung
bei 37°C

Rasen von
Indikatorbakterien

Plaques,
entsprechen dem
Ort eines infizierten
Bakteriums

Abb. 4: Das Entstehen von Plaques auf einem Bakterienrasen

laubten, wie viele Phagen in ein einzelnes Bakterium eindringen und aus ihm hervortreten können – noch war das alles sehr weit weg von den Genen, die Mendel entdeckt und Morgan lokalisiert hatte. Die beiden Genetiker hatten schließlich mit Organismen gearbeitet, die sich geschlechtlich vermehrten und also kreuzen ließen. Ein Gen war etwas, dessen Wirkung man bei solchen Versuchen beobachten konnte, und noch konnte niemand sehen, wie Delbrück von Löchern im Bakterienrasen zu Orten auf Chromosomen kommen wollte.

Sein Ansatz funktionierte aber nicht nur nach dem Prinzip Hoffnung, sondern darüber hinaus nach dem Grundsatz, dass selbst derjenige, der nicht viel über Gene weiß, immer noch annehmen kann, dass sie über eine grundlegende Eigenschaft allen Lebens verfügen müssen, nämlich die, sich verdoppeln zu können. Diese Eigenschaft stellte Delbrück in den Mittelpunkt seiner Überlegungen, und mit den Phagen hatte er etwas aus dem Bereich der Biologie gefunden, das nichts anderes konnte, als sich zu verdoppeln und zu vermehren.

Möglicherweise waren die Phagen, die Löcher im Bakterienrasen hinterließen, nichts anderes als frei zirkulierende Gene, wie Delbrück spekulierte, deren Wirkung sich präzise ermitteln ließ. Und wenn er damit auch nicht völlig ins Schwarze getroffen hat, sehr weit daneben hat er nicht gelegen.

Man könnte sagen, dass sich Morgan und andere klassische Genetiker dem Gen von oben her näherten, während Delbrück und andere Molekularbiologen ihm von unten her auf die Spur kamen. Die entscheidende Beobachtung gelang dem deutschen Biophysiker in Zusammenarbeit mit dem italienischen Arzt Salvatore Luria, als die beiden sich mit einem seltsamen Phänomen beschäftigten, das sie als »sekundäres Wachstum« bezeichneten. Mit dem Begriff ist das Wachsen von Bakterien gemeint, das sich in einem Laboratorium beziehungsweise in den dazugehörigen Behältern gewöhnlich dadurch zeigt, dass eine Nährlösung erst trübe und dann undurchsichtig wird. Gibt man solch einer Bakterienlösung passende Phagen hinzu, kann man deren Wirkung – die Zerstörung der Bakterien – nach einiger Zeit dadurch mit dem unbewaffneten Auge erkennen, dass die Lösung wieder durchsichtig wird. Normalerweise werden die jetzt zerstörten Bakterienkulturen entsorgt und die Gefäße für neue Versuche präpariert. Doch im Verlaufe ihrer zahlreichen Versuche kamen Delbrück und Luria dieser Pflicht nicht immer sofort nach, und dabei fiel ihnen auf, dass einige Behälter wieder trübe wurden. Die Bakterien hatten zu einem zweiten (sekundären) Wachstum angesetzt, und darüber konnte man sich wundern. Der Grund für dieses Wundern lag darin, dass die primär gewachsene Bakterienkultur nur mit Zellen angelegt worden war, die von den Phagen angegriffen und aufgelöst werden konnten, während die jetzt nachgewachsenen Bakterien sich sämtlich als widerstandsfähig (resistent) gegenüber dem Angriff der Phagen erwiesen. Wie war der Wechsel von anfälligen (»suszeptiblen«) zu abwehrfähigen Bakterien vonstatten gegangen? Woher kam die Resistenz gegenüber den Phagen?

Die kurz darauf gemachte Beobachtung, dass die Bakterien die neu-erworbene Widerstandsfähigkeit an ihre Nachkommen weiterge-ben, dass Resistenz also eine genetische Eigenschaft sein musste, legte die Vermutung nah, dass die Phagenresistenz in den Genen steckte. Dieser Gedanke erwies sich als richtig. Es musste also zu ei-ner Mutation in den bakteriellen Zellen gekommen sein. Die ent-scheidende Frage lautete jetzt, wie diese Variante in die Bakterien gekommen war. Folgende Alternative war denkbar:

Entweder war die Mutation durch das Auftreten der Phagen be-wirkt (induziert) worden, oder sie war durch Zufall (spontan) ent-standen. Wenn sich das Zufällige der Mutation nachweisen ließe – so räsonierten Delbrück und Luria –, dann wüsste man erstens, dass Bakterien ebenso Gene haben wie die Organismen, mit denen Men-del, Morgan und andere gearbeitet hatten, und man wüsste zwei-tens, dass Darwins Vermutung von spontan auftretenden Varia-tionen als Grundlage der biologischen Evolution keine schlechten Chancen hatte, die Wirklichkeit zu erfassen – eine bessere jedenfalls, als die immer noch in vielen Kreisen verbreitete Ansicht, dass sich auch erworbene Eigenschaften vererben ließen. Aber wie – so laute-te nun die entscheidende Frage – kann man zeigen, dass die Phagen-resistenz der Bakterien nicht induziert wird, sondern spontan in ihnen auftritt?

Die Antwort darauf gibt die berühmte »Fluktuationsanalyse« (Ab-bildung 5), die Delbrück und Luria zum Jahreswechsel 1943/44 vor-legten und für die sie 1969 mit dem Nobelpreis für Medizin ausge-zeichnet wurden (gemeinsam mit dem bereits erwähnten Hershey, dessen wichtigstes Experiment noch vorgestellt wird).

Der Grundgedanke der Schwankungsanalyse besteht darin, dass induzierte Mutationen erst auftreten können, wenn die Phagen den Bakterien zugesetzt werden, während spontane Mutationen immer möglich sind und in jeder Bakteriengeneration erscheinen können. Wer nun zahlreiche Bakterienkulturen heranzieht, die immer mit einer einzigen oder einigen wenigen Zellen beginnen, und dann ermittelt, wie viele resistente Stämme sich in ihnen befinden, wird keine identischen Resultate bekommen, sondern zwischen den Einzelergebnissen Schwankungen (Fluktuationen) finden, die bei allen Experimenten auftauchen. Nun kann man entweder aus vielen Kulturen je eine Probe oder aus einer Kultur viele Proben nehmen. Wenn die Mutation induziert ist, sollten die unvermeidlichen Schwankungen sich etwa die Waage halten. Wenn hingegen die Mutation spontan ist, sollten viel größere Fluktuationen für den Fall erwartet werden, dass aus vielen Kulturen eine Probe genommen worden ist. Genau dies wurde beobachtet. Die quantitative Durchführung der Experimente brachte noch den wunderbaren zusätzlichen Bonus, dass man lernte, wie die Häufigkeit der Mutation – die Mutationsrate – abgeschätzt werden konnte.

Mit einem Schlag war Bakterien- beziehungsweise Phagengenetik nicht nur möglich, sondern zu einer Wissenschaft mit quantitativen Ergebnissen geworden. Mit der Fluktuationsanalyse rückten die Mikroorganismen in das Zentrum der Genetik, und die Fliegen und Pflanzen traten etwas in den Hintergrund. Kurz nach dem Zweiten Weltkrieg konnte dann die Existenz von Genen in Bakterien und Phagen endgültig durch die Beobachtung bewiesen werden, dass auch diese Lebensformen Rekombinationen aufweisen, und damit waren die Tore zum neuen Gebiet der Molekulargenetik aufgestoßen.

Mit der Rekombination ließen sich genetische Karten von Phagen und Bakterien anfertigen – wie man es bei den Fliegen Jahrzehnte vorher begonnen hatte –, und hier wie schon zuvor entdeckte man dabei, dass Gene hintereinander angeordnet sind und eines nach dem anderen folgt. Es war offensichtlich, dass die Molekularbiologen bei der Suche nach der Natur der Gene auf dem richtigen Weg waren, und inzwischen war auch – wie oben beschrieben – wenigstens einer der Stoffe identifiziert worden, aus denen die Gene bestehen mussten, nämlich die DNA.

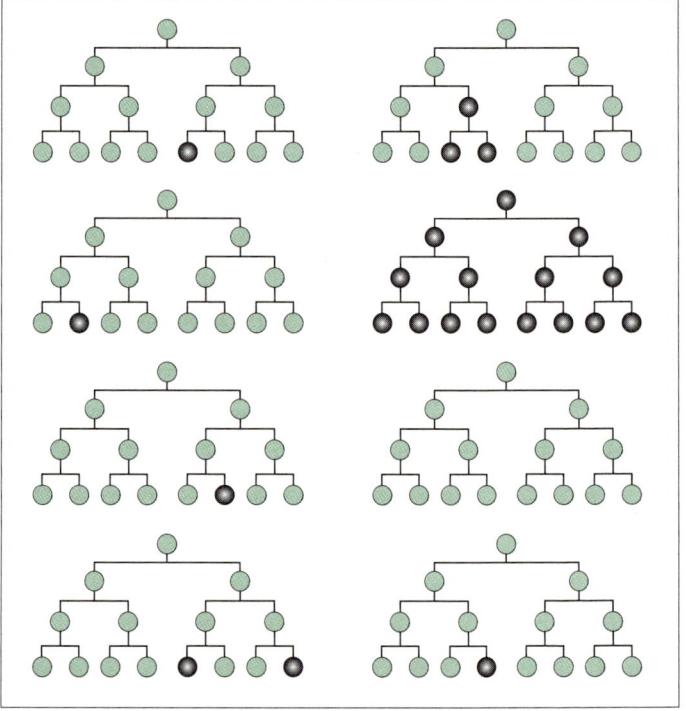

Abb. 5: Die Fluktuationsanalyse. Die Mutationen sind schwarz gezeichnet.

Die DNA als Nukleinsäure gehört zu der Klasse der Makromoleküle; es sind also Gebilde in der Zelle, die viel größer als etwa Wasser- und Alkoholmoleküle sind. Wasser besteht bekanntlich aus H_2O-Molekülen, und der Alkohol mit dem chemischen Namen Äthanol kann durch die Summenformel C_2H_5OH beschrieben werden. Wasser hat also drei und der Alkohol neun Atome, und ihre feste Verbindung ergibt ein Molekül. Makromoleküle setzen sich so aus Molekülen zusammen wie Moleküle aus Atomen. In der DNA findet man drei Sorten von ihnen, nämlich den bereits erwähnten Zucker (Desoxyribose), eine so genannte Phosphatgruppe (ein Phosphoratom mit vier Sauerstoffatomen) und eine Substanz, die Chemiker als organische Base bezeichnen. Da es insgesamt vier verschiedene Basen gibt (Abbildung 6), die in natürlicher DNA gefunden werden, müsste man vielleicht genauer sagen, dass diese Nukleinsäure aus sechs Molekülen besteht, aber auf Details dieser Art kommt es erst später an. An diese Stelle gehört der Hinweis, dass die Idee von Makromolekülen keineswegs banal ist und Wissenschaftler erst einmal die Idee haben und den Nachweis führen mussten, dass es Gebilde dieser Art gibt. Diesen Fortschritt verdanken wir der Biochemie, die sich vom Ende des 19. Jahrhunderts an entwickelt hat und ohne deren Vorarbeiten Morgans Frage nach der Natur der Gene trotz aller physikalischen Hilfe nicht recht vom Fleck gekommen wäre.

Die Biochemie untersucht – wie es der Name sagt – mit chemischen Methoden Fragestellungen der biologischen Wissenschaften. Historisch erkundete sie zunächst und vor allem das, was man den Stoffwechsel der Zellen – ihren Metabolismus – nennt. Sie war dabei bald auf eine besondere Klasse von Makromolekülen gestoßen, der sie zutraute, die erste Geige im Zellgeschehen zu spielen. Aus diesem Grunde gab man dieser molekularen Stoffklasse den Namen Proteine, und zu den großen Aufgaben eines Biochemikers der Zeit vor dem Zweiten Weltkrieg gehörte es, mehr über Struktur und Wirkungsweise von Proteinen herauszufinden. Was die Struktur angeht, so wurde in den ersten Jahrzehnten des 20. Jahrhunderts nach und nach in mühevoller Kleinarbeit unter Einsatz aller möglichen Trennverfahren ermittelt, dass die kleinen Moleküle, aus denen das Protein als Makromolekül bestand, sämtlich der Klasse angehörten, die Chemiker als Aminosäuren kannten. Das Besondere dieser Bausteine besteht darin, dass sie alle miteinander zu langen Ketten verbunden werden können, und zwar immer über dieselbe Verbindung, die Chemiker als Peptidbindung bezeichnen. Ihrem Aufbau nach waren Proteine also Polypeptide, und die ersten Einblicke in die Funktionen die-

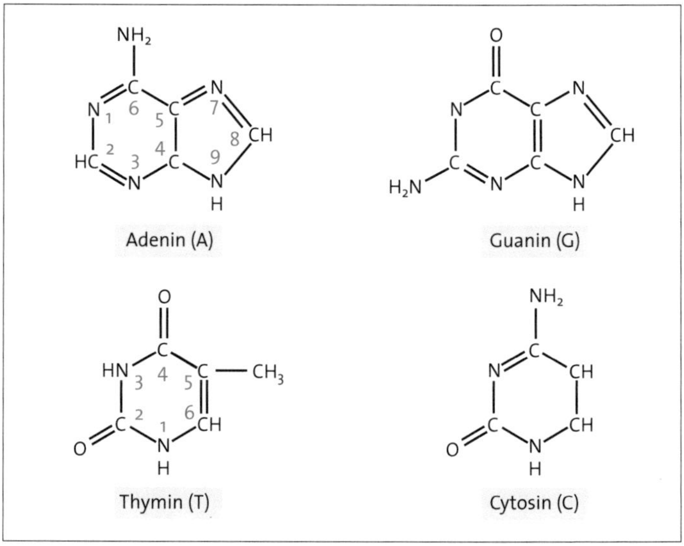

Abb. 6: In der natürlichen DNA kommen vier Basen vor, die Adenin, Thymin, Guanin und Cytosin heißen.

ser Makromoleküle zeigten, dass es sie in ähnlich großer Zahl wie die chemischen Reaktionen gab, die in einer Zelle ablaufen müssen, um deren Leben zu garantieren. Proteine konnten und können viele Aufgaben erledigen. Sie treten als Hormone auf, sie wirken als Enzyme, was heißt, sie katalysieren chemische Reaktionen und Umwandlungsprozesse, die ohne ihre Anwesenheit nicht oder nur langsam abgelaufen wären, sie helfen als so genannte Antikörper bei der Immunabwehr, sie geben den Zellen ihre Form, sie empfangen das Licht in den Zellen der Netzhaut im Auge und leiten die Information darüber weiter in das Gehirn, indem sie die Erregung von Nervenzellen vermitteln, und sie tun vieles mehr. Bei jeder zellulären Aufgabe finden sich Proteine, die sie übernehmen und erledigen; und weil sich diese Einsicht schon vor dem Zweiten Weltkrieg durchsetzte, schien allen klar zu sein, dass die Proteine auch den Job übernehmen konnten, der von Genen erfüllt werden musste, um die Merkmale eines Organismus hervorbringen und an die nächste Generation weitergeben zu können.

Aus diesem Grunde reagierten viele Biochemiker höchst überrascht und skeptisch, als Avery und sein Team berichteten, dass es die Molekülsorte DNA war, die sie als transformierende Erbsubstanz in Bakterien nachweisen konnten. Diese Rolle hätte man allein deshalb eher den Proteinen zugemutet, da zwanzig Aminosäuren bekannt waren, aus denen die Proteine bestanden. Das waren mehr Einzelteile, als man bei der DNA gefunden hatte. Proteine konnten also wesentlich vielfältiger gebaut sein, und das Mindeste, das man von Genen erwartete, war eine Bauweise, die der Komplexität der Organismen angemessen war.

Trotzdem: Averys Ergebnis musste ernst genommen werden; die DNA gehört zur Erbsubstanz, aber was noch? Konnte es nicht sein, dass einige Proteine übersehen wurden? Um die Frage zu klären, wendeten einige Genetiker ihre Aufmerksamkeit erneut den Mikroorganismen zu, die auch chemisch einfacher zusammengesetzt sein sollten als die Zellen, die zu pflanzlichen oder tierischen Organismen gehören und sicher noch voller Fette (Lipide), Zucker, Mineralien, Kohlenwasserstoffe und anderer organischer Substanzen steckten. Und mit dem Phagen hatte man Glück. Die biochemische Analyse zeigte um 1950, dass ein Phage oder bakterielles Virus aus genau zwei Komponenten besteht, nämlich aus den beiden Konkurrenten um den Status als genetisches Material: DNA und Protein. Im Verlauf der 1940er Jahre war zudem – unter anderem mit Hilfe der damals aufkommenden Elektronenmikroskopie – klar geworden, dass ein Phage aus einer Hülle und einem darin verpackten Stoff besteht. Die Bilder zeigten deutlich, dass die Hülle außen auf den infizierten Bakterien sitzen blieb (Abbildung 7). Nur was in ihr verpackt war, gelangte in das Bakterium, aus dem aber zuletzt wieder ganze Phagen austra-

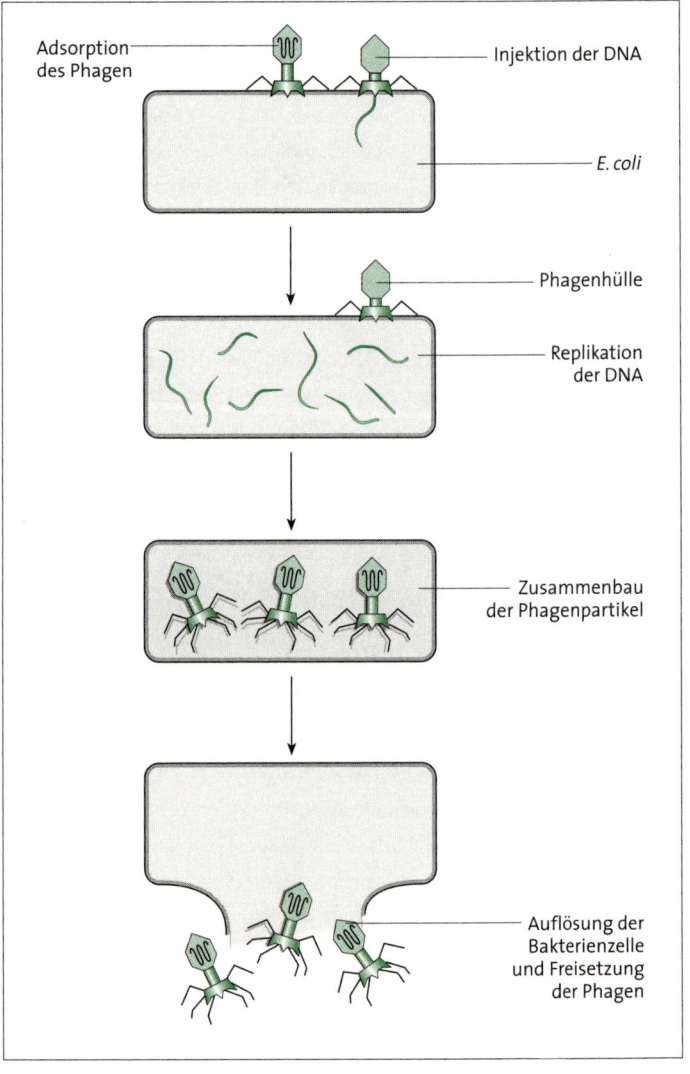

Abb. 7: Der Lebenszyklus eines typischen Phagen

ten. Konnte man bei diesem Prozess identifizieren, wo sich die bekannten biochemischen Substanzen befanden?

Beantwortet wurde diese Frage 1952 von Hershey und Chase. Sie konnten zeigen, dass ein Phage, der aus DNA und Proteinen bestand, nur seine DNA in die Bakterien einschleuste, während die Proteinhülle außen blieb. Die DNA sorgte in den Bakterien dann dafür – auf zunächst unbekannte und unerkannte Weise –, dass erneut Hüllprotein angefertigt wurde und somit ganze Phagen entstehen konnten, die zuletzt das befallene Bakterium sprengten und ausschwärmten (Abbildung 7). Im Lebenszyklus des Phagen gab es also ein Stadium, in dem er ausschließlich aus DNA bestand. Mit erneut anderen Worten: Die DNA war nicht nur eine Komponente der Erbsubstanz (was Averys Gruppe gezeigt hatte), die Erbsubstanz des Phagen bestand ausschließlich aus DNA. Diese Nukleinsäure ist also der Stoff, aus dem die Gene sind. Dies wusste man 1952. Aber das war zunächst auch alles.

Wer in die Originalarbeit von Hershey und Chase hineinschaut, wird finden, dass das entscheidende Ergebnis über die DNA zwar deutlich erwähnt wird, aber den Messdaten nicht so leicht und klar zu entnehmen ist, wie behauptet wird. Die Vorbereitung des technisch keineswegs simplen Nachweises bestand darin, Phagen radioaktiv zu markieren, die bakteriellen Viren also so zu züchten, dass sie radioaktive Atome in ihre Moleküle einbauen. Der Trick des ganzen Versuchs beruht darauf, dass Schwefel zwar in Proteinen, nicht aber in der DNA vorkommt, und dass umgekehrt Phosphor zwar in der DNA, nicht aber in einem Protein zu finden ist. Im konkreten Experiment schaut man für verschiedene Phasen im Leben eines Phagen nach, wo sich der radioaktive Schwefel oder der entsprechende Phosphor befindet; dabei kommt es darauf an, das, was im Bakterium innen ist, von dem zu trennen, was außen bleibt.

Tatsächlich sind die technischen Details sehr verwickelt, und sie hätten mehr Anlass zur Skepsis geben können als Averys Daten von

1944. Wer es auf den Punkt bringen will, kann sagen, dass Averys Nachweis von DNA als Erbsubstanz sauberer und überzeugender ist als der von Hershey und Chase. Doch während Avery noch auf das Vorurteil seiner Kollegen traf, die in den Proteinen das genetische Material vermuteten, hatte sich bis 1952 unter den Molekularbiologen die Stimmung geändert, also bis zu der Zeit, als das Experiment mit den Phagen gemacht wurde. Während vorher alle nur an Proteine dachten, nahm im Laufe der Zeit – aus bislang weder unmittelbar einsichtigen noch ausführlich recherchierten Gründen – die Popularität der DNA zu. Die Auswirkung einer wissenschaftlichen Feststellung hängt eben nicht nur von der Qualität ihrer Ermittlung, sondern stark von den Erwartungen der Kollegen und von vielen anderen Faktoren ab.

Die Doppelhelix

Im Rückblick lautet im Jahr 1952 die nächste offensichtliche Frage natürlich, wie denn die DNA aufgebaut ist und wie das Makromolekül aussieht, aus dem die Gene bestehen müssen. Doch zunächst waren es nicht gerade viele Genetiker, die sie konkret gestellt haben. Dafür gibt es mehrere Gründe. Einer ist die Schwerfälligkeit der Forschung, die der eines Tankers ähnelt. Wenn in einem Laboratorium seit Jahren an einem Thema gearbeitet wird, wenn alle entsprechenden Kenntnisse und Gerätschaften vorhanden sind und man für die Lösung einer bestimmten Aufgabe finanziert wird, dann wird oft erst einmal auf gewohnten Bahnen weitergemacht, statt neue Forschungsprogramme zu entwerfen.

Ein weiterer Grund bestand darin, dass die DNA trotz allem immer noch »ein dummes Molekül« zu sein schien, wie Delbrück meinte, nachdem er sich erkundigt hatte, aus welchen Bausteinen die Nukleinsäure bestand. Da gab es vier Basen, da gab es eine Phosphatgruppe und da gab es einen Zucker. Die Chemiker wussten zudem, dass je eine Base mit den beiden anderen Molekülen eine besondere Untereinheit bildete, die man Nukleotid nennt. Aus den vier Basen können vier Nukleotide entstehen, und unter diesem Aspekt ist die DNA ein Tetranukleotid, und das schien Delbrück ziemlich wenig – »a stupid molecule«, wie er urteilte, um sich anderen Aufgaben zuzuwenden.

S. 99   Gar nicht dumm kam die DNA dem jungen **James D. Watson** aus Chicago vor, der bei Luria promoviert hatte und sich 1952 in Europa aufhielt, um mehr Biochemie zu lernen. Watson war fest von Qualität und Bedeutung des Versuchs überzeugt, mit dem Hershey und Chase die Rolle der DNA nachgewiesen hatten, und er war zudem instinktiv sicher, dass die Erbmoleküle von Phagen und Menschen irgendwie verwandt sein müssen, denn schließlich gilt es in beiden Fällen, dieselbe Aufgabe zu lösen: sich zu verdoppeln. Wenn der Phage DNA als Erbsubstanz besitzt, die Bakterien ebenso, dann gibt es eine gewisse Wahrscheinlichkeit, dass die Natur immer zu diesem Mittel greift. Die DNA soll ja nicht das ganze Leben erklären, sondern nur dessen Fähigkeit, sich verdoppeln zu können. Gene besitzen diese Qualität. Sie wird ihnen von der Substanz verliehen, aus der sie bestehen – also von der DNA –, und um das zu verstehen, muss man wissen, wie DNA aussieht. So dachte Watson und fragte sich, wo sich das herausfinden lässt. Wo gibt es ein Laboratorium oder eine Institution, in deren Räumen man dieser Frage nachgehen kann?

Bei seinen dazugehörigen Erkundigungen fiel sein Blick auf die britische Universitätsstadt Cambridge, in der man nach dem Krieg begonnen hatte, ein Laboratorium für die Strukturbestimmung von Makromolekülen einzurichten. Grundlage all der Arbeiten war die physikalische Technik der Röntgenstrukturanalyse, die in den frühen Jahrzehnten des 20. Jahrhunderts entwickelt worden war. Sie erlaubte es im strengen Sinn nur, die Struktur von Kristallen zu erkunden, aber nachdem die Biochemiker Wege gefunden hatten, nicht nur winzige Moleküle wie Kochsalz, sondern auch Makromoleküle wie

DNA zu kristallisieren, stand dieser Weg zur Strukturbestimmung der Erbsubstanz plötzlich offen, und Watson wollte versuchen, ihn in Cambridge zu gehen. Ein mutiger Schritt, denn der junge Amerikaner hatte keine Ahnung, wie man DNA erst aus Zellen und Gewebe isolierte und dann in Kristalle verwandelte. Watson wusste zwar, dass man einen Röntgenstrahl durch diesen Kristall schickte und dessen vielfache Ablenkungen aufzeichnete, aber er hatte keine Ahnung, wie man mit den dann gewonnenen Daten weiter vorgeht, um Modellvorstellungen zu entwickeln. Er wusste nur, was er suchte, nämlich eine Molekülstruktur, die sich verdoppeln konnte, und er hatte den Eindruck, dass die anderen Wissenschaftler, die fleißig und sorgfältig isolierten, kristallisierten und kalkulierten, diesen biologischen Aspekt aus den Augen verloren hatten.

In Cambridge traf er mit **Francis Crick** zusammen, der ihm half, S. 97 einige grundlegende Kenntnisse der Röntgenstrukturanalyse zu verstehen. Zusammen betrachteten die beiden die immer besser werdenden Aufnahmen, die vor allem aus dem Laboratorium von Rosalind Franklin kamen und die nach und nach deutlich eine Struktur erkennen ließen, die wie ein Kreuz aussah. Crick bewies und erklärte Watson, dass ein solches Kreuz mit seinen zwei Linien auf eine Struktur schließen ließ, die erstens aus zwei Teilen bestehen und zweitens schraubenförmig gebaut sein müsse. Es musste also eine Doppelhelix sein, wie Crick bemerkte, ohne zu wissen, dass Watson genau so etwas mit seinem Blick auf die Biologie suchte.

Der Weg, der von der allgemeinen Idee einer Doppelhelix zu ihrer konkreten Umsetzung und einer molekularen Vorstellung führt, war damit noch nicht zurückgelegt. Er war auch nicht leicht zu gehen und benötigt eine Menge Informationen, die viele andere Wissenschaftler beigetragen haben. Aber er ist von Watson und Crick in Angriff genommen und bis zum Frühjahr 1953 durchlaufen worden. Die wesentliche Eigenschaft des Duos scheint der Mut zur **Interdiszipli-** S. 115 **narität** gewesen zu sein. Während sich ihre Kollegen auf ihre jeweilige Spezialität konzentrierten und alle Details der Biochemie, der Kristallographie, der Bakteriologie und vieler anderer Disziplinen kannten, versuchten Watson und Crick zusammenzuklauben, was am Baum der Erkenntnis in den verschiedenen Gebieten gewachsen und verfügbar war. Sie hielten sich nicht mit der Lektüre von Lehrbüchern auf und beschlossen eines Tages auch, nicht allen Tatsachen zugleich Rechnung zu tragen, die von Experimenten gemeldet wurden. Solch ein Verfahren riskiert den völligen Flop, wie ihn Watson und Crick auch mit einem ersten Modell erlebten, doch das Glück war dem Duo hold und im Februar 1953 stießen sie auf die Lösung. Bereits im April desselben Jahres erschien in der britischen Zeitschrift Nature ihr berühmt gewordener Vorschlag für die Struktur der DNA, und mit ihm tritt die elegante Doppelhelix eine erstaunliche Karriere an und wird zu dem, was man zweifellos eine Ikone unseres Zeitalters nennen könnte. Die Doppelhelix gibt es in vielen Darstellungen (Abbildung 8), von denen hier zwei gezeigt werden.

Die wissenschaftliche Bedeutung der Doppelhelix liegt darin, dass die Struktur unmittelbar erkennen lässt, welche Funktionen die DNA übernehmen kann – die beiden Stränge scheinen einem die Möglichkeit der Verdopplung geradezu aufzudrängen, und die lineare Anordnung der Basenpaare im Zentrum stellt die genetische Information dar (**Replikation**). Zudem können wir nun genau sagen, was ein Gen ist, nämlich ein Stück DNA.

S.113

EIN KLARES BILD

Viele Wege führen zu den Genen, und einen haben wir bislang unbeachtet gelassen, nämlich den biochemischen Pfad. Neben der traditionellen Route des Fliegenteams mit seinen klassischen Kreuzungsexperimenten, dem biophysikalischen Zugang über die Einwirkung von Strahlung und dem mit statistischen Analysen operierenden An-

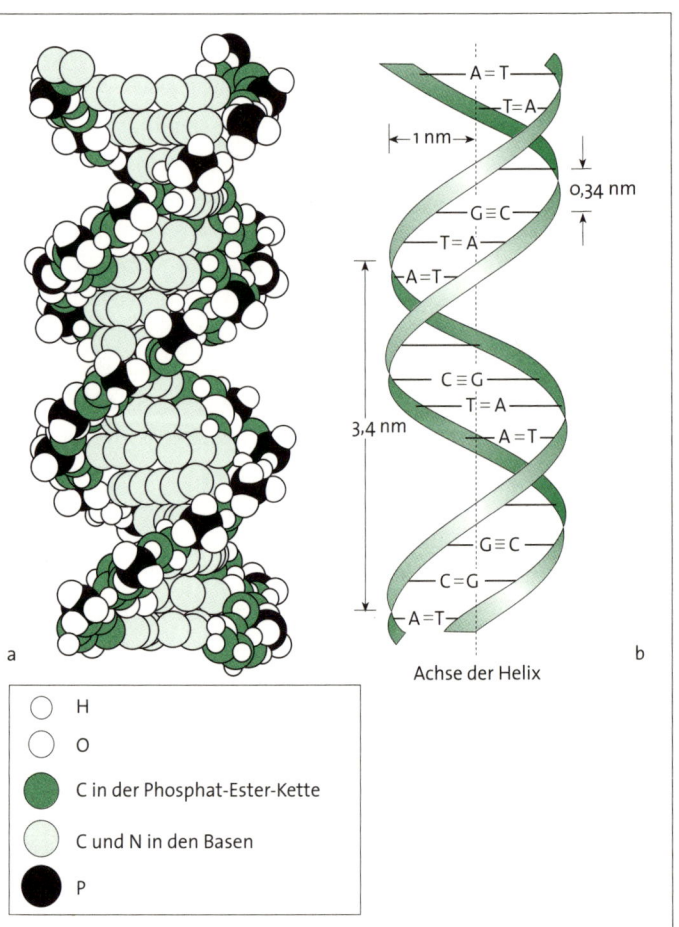

Abb. 8: Die Doppelhelix in zwei von vielen möglichen Darstellungen. In der linken Darstellung werden die einzelnen Atome betont (H für Wasserstoff, O für Sauerstoff, C für Kohlenstoff, N für Stickstoff und P für Phosphor), in der rechten Graphik lassen sich die Abstände (in Nanometern, nm) und die einzelnen Basenpaare besser erkennen (vgl. Abbildung 6). Entscheidend für die Konstruktion des Modells war die Einsicht, dass die Paare AT und GC gleich viel Raum einnehmen.

satz der Mikrobiologie gab es bereits in den frühen vierziger Jahren einen biochemischen Weg zum Gen. Er wurde als die »Ein-Gen-ein-Enzym-Hypothese« berühmt und sagte konkret, worin die Funktion eines Gens besteht: Ein Gen sorgt (auf eine vorläufig noch unbekannte Weise) für ein Enzym. Der Ausdruck »Enzym« steht für die Gebilde einer Zelle, die von der Struktur her gesehen Proteine sind und deren Aufgabe darin besteht, chemische Reaktionen zu ermöglichen (zu katalysieren), die sonst viel zu langsam oder überhaupt nicht ablaufen würden. »Enzyme« heißt wörtlich »in Hefe«, und mit diesem Ausdruck wollten die frühen Biochemiker auf ihre schon vor 1900 gemachte Entdeckung hinweisen, dass es nicht die intakten Hefezellen selbst sind, die für die Gärung sorgen, bei der zum Beispiel Bier produziert wird, sondern dass dieser Prozess von kleineren Einheiten »in der Hefe« übernommen werden konnte, eben den Enzymen.

Es brauchte die ersten Jahrzehnte des 20. Jahrhunderts, bis verstanden wurde, dass Enzyme erstens Makromoleküle sind und dass sie zweitens als Proteine gebaut werden und sich somit als Ketten aus Aminosäuren präsentieren. Klar war nur seit dem Beginn des 20. Jahrhunderts, dass Enzyme alle möglichen Reaktionen in den Zellen und Körpern bewerkstelligen und vor allem an jedem einzelnen Schritt des Stoffwechsels beteiligt sind. Jedenfalls glaubten die Biochemiker dies sagen zu können, nachdem sie erste Einblicke in die Stoffumsätze lebendiger Zellen bekommen hatten. So hielt zum Beispiel schon der erwähnte Archibald Garrod im Jahre 1908 in seinem Buch über angeborene Fehler beim Stoffwechsel (*Inborn Errors of Metabolism*) ausdrücklich daran fest, dass die nachweisbar vorkommende Abspaltung wohldefinierter Strukturen wie etwa eines Benzolrings von einem Molekül »die Arbeit eines speziellen Enzyms ist«. Der britische Arzt ging in seiner Spekulation sogar noch einen Schritt weiter und vermutete, dass angeborene Stoffwechselstörungen dadurch bedingt sind, dass die betroffenen Patienten ohne das speziel-

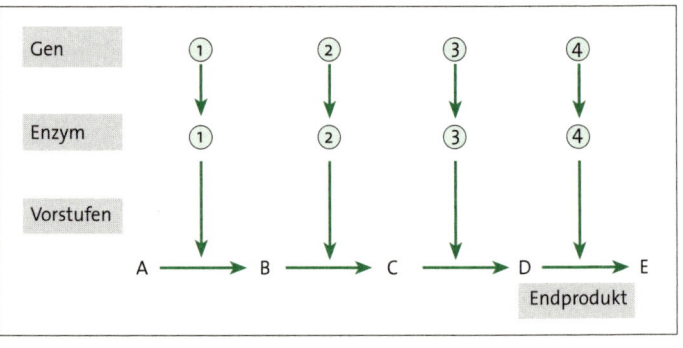

Abb. 9: Die »Ein-Gen-ein-Enzym-Hypothese«

le Enzym auskommen müssen, das die unterbleibende chemische Umformung (Reaktion) katalysiert.

Damit nimmt er schon im ersten Jahrzehnt des 20. Jahrhunderts die »Ein-Gen-ein-Enzym-Hypothese« vorweg, die der offiziellen Geschichtsschreibung zufolge auf das Jahr 1941 datiert und den beiden Genetikern George Beadle und Earl Tatum zugeschrieben wird (Abbildung 9). Ihrer Ansicht nach wird beim Stoffwechsel ein Ausgangsstoff (A) über mehrere Zwischenprodukte (B, C, D) in ein Endprodukt (E) umgewandelt. Dabei wird jede Reaktion durch ein Enzym bewirkt, das eine Zelle mit Hilfe des dazugehörigen Gens anfertigt.

Der Triumph der Moleküle

Beadle und Tatum arbeiteten weder mit Fliegen noch mit Bakterien oder Phagen, sondern mit einem Pilz, genauer mit *Neurospora crassa*, der für Genetiker den Vorteil bietet, im Verlauf seines reproduktiven Zyklus eine haploide Phase zu durchlaufen, in der durch Röntgenstrahlen leicht Mutationen ausgelöst werden können. So einfach sich dies zunächst anhört, so schwer ist die Suche nach Varianten dann durchzuführen, wenn man nicht irgendwelche Veränderungen sucht, sondern solche Mutationen, mit denen man eine wissenschaftliche Fragestellung in Angriff nehmen kann. Die beiden Genetiker wollten den Stoffwechsel untersuchen, und sie entschieden sich für den Teil, der mit Vitaminen zu tun hat. *Neurospora* kann als Wildtyp ohne Vitamine leben, da er über den biochemischen Apparat – über die Enzyme – verfügt, mit denen sich diese lebenswichtigen Stoffe herstellen lassen. Die Aufgabe bestand nun darin, Mutanten des Pilzes zu finden, die nicht alle Vitamine bilden konnten. Dies geschieht dadurch, dass man die den mutagenen Strahlen ausgesetzten Sporen auf zwei Nährmedien wachsen lässt, von denen eines das anvisierte Vitamin enthält und das andere nicht. Wiederholt man dieses Verfahren mit vielen Vitaminen und noch mehr Sporen, verfügt man erstens über eine Reihe von *Neurospora*-Stämmen, deren Vitaminsynthese blockiert ist, und zweitens über die Möglichkeit, diese Stämme miteinander zu kreuzen.

Dabei entsteht folgende Alternative: Entweder zeigen sich in der Nachkommenschaft zweier Mutanten Pilze, die das fehlende Vitamin wieder herstellen (wie der Wildtyp), oder es treten Pilze auf, die wie ihre Eltern auf Zufuhr von außen angewiesen bleiben. Die Wissenschaftler sprechen dabei von einem »Cis-trans-Test«, der ihnen sagt, ob in den beiden gekreuzten Mutanten ein und dasselbe Gen betroffen ist – ausgedrückt durch das lateinische Wort cis für diesseits – oder ob in den zwei Mutanten zwei verschiedene Gene verändert sind, ob also die eine Variation jenseits – *trans* – der anderen liegt. Wenn die Kreuzung zweier Varianten den Wildtyp zurückbringt, konnten sich die veränderten Gene gegenseitig ersetzen – damit waren *zwei* Gene mutiert –, wenn dies nicht der Fall ist, war kein Ausgleich möglich und also in beiden Organismen *ein* und dasselbe Gen außer Gefecht gesetzt. In den Lehrbüchern findet man dieses Verfahren auch unter dem Stichwort der Komplementationsanalyse beschrieben, weil im Experiment danach gefragt wird, ob sich Mutationen gegenseitig ergänzen oder nicht.

Klar ist, dass Beadle und Tatum mit ihren Versuchen auf dem Weg waren, die Wissenschaften der Biochemie und der Genetik zu vereinen, und sie waren erfolgreich, weil sie viele Mutanten finden konnten, die in einem Gen defekt waren – festgestellt durch eine genetische Kreuzung mit zugehöriger Komplementationsanalyse – und deren Stoffwechsel an genau einer Stelle steckenblieb – festgestellt durch eine biochemische Analyse. Aus einem Gen also musste – und konnte vor allem – ein Enzym entstehen, wie man zwar spätestens 1941 wusste, aber erst nach 1953 weidlich nutzen konnte.

Das Ergebnis von Beadle und Tatum bringt mindestens drei dramatische Konsequenzen mit sich, die wir im Folgenden schildern wollen, aber nicht ohne vorher sachte und nachdrücklich zugleich auf die Tatsache hinzuweisen, dass in vielen Fällen nicht stimmt, was die Hypothese ausdrückt. Der Grund dafür steckt in den Proteinen, die man sich damals als einheitliche Gebilde, das heißt als eine Kette von Aminosäuren vorgestellt hat. Heute weiß man, dass sich viele Proteine aus zwei, drei oder vier Ketten von Aminosäuren zusammensetzen, weshalb man genauer sagen müsste, dass ein Gen für eine Kette von Aminosäuren sorgt. Das Experiment von Beadle und Tatum hat trotzdem funktioniert, weil ein defektes Teilstück eines Enzyms die Wirksamkeit des ganzen Moleküls in Mitleidenschaft zieht. Mit dieser Einschränkung stimmt dann immer noch *cum grano salis*, dass ein Gen etwas mit einem Enzym zu tun hat.

Beadle und Tatum haben mit ihrem Pilz für die Vitaminsynthese erkundet, was Garrod Jahrzehnte zuvor für den Metabolismus des Menschen vermutet hatte. Anders ausgedrückt, die Genetik scheint universell gültig zu sein. Wenn man zum Beispiel in unseren Zellen den Stoffwechsel betrachtet, an dem die Aminosäuren mit Namen Phenylalanin und Tyrosin beteiligt sind (Abbildung 10), dann lassen sich inzwischen die Stellen angeben, deren Blockierung zu Erbkrankheiten bei Menschen führt. Die Blockierung bei 1 führt zu einer Erkrankung namens Phenylketonurie, die Unterbrechung bei 2 führt zum Albinismus, ein Defekt bei 3 führt zur Tyrosinämie und ein Hängenbleiben bei 4 führt zu der Alkaptonurie, die Garrod schon um 1900 untersucht hat. In allen Fällen ist ein einziges verändertes Gen die Ursache.

Die Einsicht von Beadle und Tatum verband aber nicht nur Gene und Proteine auf der einen und Pilze und Menschen auf der anderen Seite. Sie schuf auch die Möglichkeit, Wissenschaft und Wirtschaft zu verbinden, und hier ergab sich bald eine weitere Konsequenz. Denn was die beiden Biologen als reine genetisch und biochemisch orientierte Grundlagenforschung begonnen hatten, zeigte sehr bald konkrete Auswirkungen und praktische Anwendungsmöglichkeiten. Die von ihnen isolierten Mutanten konnten zum Beispiel genutzt werden, um den Vitamingehalt von Nahrung zu prüfen und zu bestimmen. Tatsächlich wurde dieser Test bald in der Lebensmittelproduktion verwendet, mit dem nicht unwesentlichen Nebenergebnis, dass die biochemisch orientierte Genetik sehr bald und sehr reichlich von der »Nutrition Foundation« und der dahinter stehenden Nahrungsmittelindustrie gefördert wurde.

Die für uns wichtigste Konsequenz aus der Verknüpfung von Genen und Enzymen ergab sich 1953 in der Universitätsstadt Cambridge, in deren Laboratorien nicht nur die Struktur der DNA, sondern auch die eines Proteins ermittelt wurde, und beide Ergebnisse passten plötzlich auf wunderbare Weise zusammen. Als Watson und Crick mit der DNA beschäftigt waren, um ihre Struktur zu erkunden, kümmerte sich der Biochemiker Fred Sanger am gleichen Ort um den Aufbau des Insulins, das chemisch betrachtet ein Protein war und physiologisch gesehen als Hormon funktionierte, was heißt, dass es als körpereigene Wirksubstanz durch die Blutbahn zu einem Organ – in dem Fall die Bauchspeicheldrüse – transportiert wird, um hier Signale für weitere biochemische Reaktionen zu geben – in dem Fall für den Stoffwechsel von Zucker. Bevor sich Sanger an die Arbeit machte, waren nicht alle Biochemiker sicher, dass sich hinter der Wirkung,

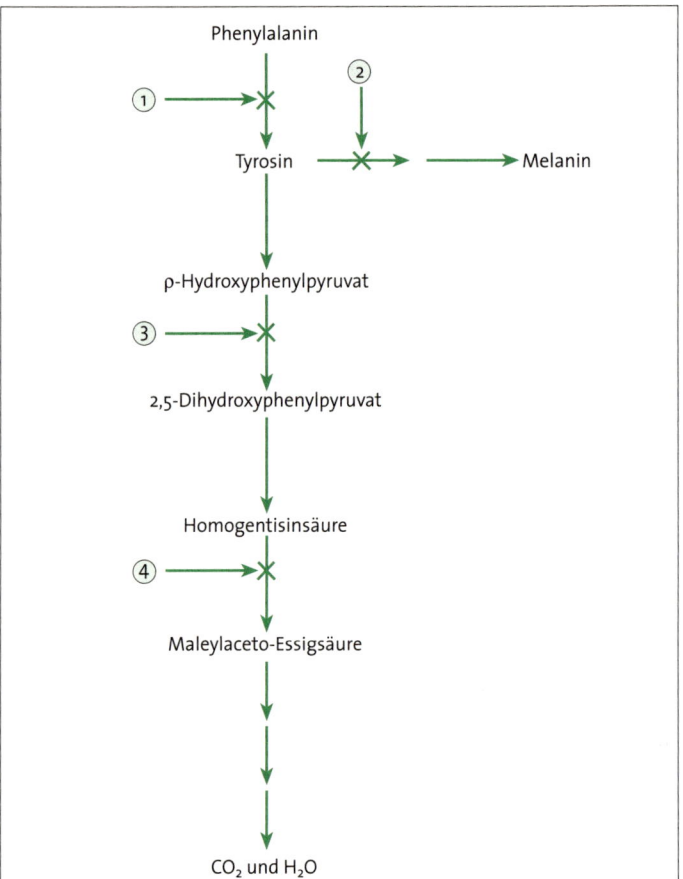

Abb. 10: Teil des Stoffwechselweges von Phenylalanin und Tyrosin mit möglichen Unterbrechungen

die man mit einem Agens namens »Insulin« verband und messen konnte, ein konkretes Molekül verbarg. Damals zirkulierte in Kreisen der Wissenschaft noch die Vermutung, dass es statt einer makromolekularen Einheit viele kleinere Gebilde gab, die sich je nach zellulärer Umgebung verschieden gruppierten und ihre Aktivität entfalteten. Erst Sanger machte diesem Glauben ein Ende, indem er anfing, die Reihenfolge von Bausteinen (Aminosäuren) im Insulin zu ermitteln. Dafür stand ihm ein Verfahren zur Verfügung, das es erlaubte, eine Kette von Aminosäuren Schritt für Schritt um ein Glied zu verkürzen, das selbst von dem schrumpfenden Protein entfernt und identifiziert wurde. So schlicht sich dieser Vorgang im Prinzip schildern lässt, so verzwickt ist seine praktische Umsetzung, die unter anderem höchste Präzision und perfekte Reinheit voraussetzt. Sanger erwies sich als Meister der Methode und mit ihr konnte er nachweisen, dass die Sequenz des Insulins keine zufällige Erscheinung, sondern eine Messgröße war, die das Hormon charakterisierte und ihm seine besondere Wirkung verlieh. Bald setzte sich der Gedanke allgemein durch, dass Proteine kettenförmig aus Aminosäuren aufgebaut sind.

Die entscheidende Qualität von Proteinen wie Hormonen und Enzymen heißt bei den Biochemikern Spezifität, womit ausgedrückt wird, was Enzyme oder Hormone tun, nämlich sehr spezifisch zu wirken, indem sie nur genau eine chemische Reaktion katalysieren oder genau eine physiologische Antwort an genau einer Stelle im Körper auslösen. Sanger konnte mit seiner Analyse des Insulins zum ersten Mal zeigen, wo die Spezifität eines Proteins steckte, nämlich in der Reihenfolge seiner Bausteine. Und nachdem die Doppelhelix als Modell des Gens vorgelegt wurde, brauchte man nur eins und eins zusammenzuzählen, um einem großen Geheimnis der Natur auf die Spur zu kommen.

Die beiden maßgeblichen Moleküle des Lebens – die Erbsubstanz DNA und ihre Produkte, die Proteine – wirkten spezifisch, weil sie völlig gleichartig gebaut waren, nämlich als lineare Ketten von Bausteinen – Nukleotide beziehungsweise Basen bei der DNA und Aminosäuren bei den Proteinen. Wenn ein Gen für ein Protein sorgte, dann hieß das, dass die Zelle einen Weg haben musste, um die Reihenfolge der DNA-Bausteine in die Reihenfolge der Proteinbausteine zu übertragen. Und dafür musste es einen genetischen **Code** geben, wie zwar schon vermutet worden war, wie man aber jetzt erst konkret zu sehen meinte. Und damit ließ sich unter Zuhilfenahme der damals aufkommenden und erste Erfolge verbuchenden Informationstheorie erneut definieren, was ein Gen ist: Ein Gen enthält die Information für ein Protein, es liefert die Anleitung, nach der in einer Zelle ein Protein angefertigt wird.

S. 105

Der eben in aller Kürze vollzogene Schritt von der Spezifität zur Information überspringt sehr schnell eine Phase der Molekularbiologie, deren wissenschaftliche Dramatik offenbar nicht unabhängig von dem politischen Hintergrund gesehen werden kann, vor dem sich die Aufdeckung des genetischen Codes in den fünfziger und sechziger Jahren vollzog. Gemeint sind der Kalte Krieg und die Tatsache, dass die finanzielle Förderung der biologischen Wissenschaften in den Jahren nach 1950 vor allem aus dem amerikanischen Verteidigungsministerium kam und hier besonders durch die militärisch kontrollierte Atomenergiekommission vergeben wurde. Für die Wissenschaftshistorikerin Lily Kay kann »der genetische Code als Teil der kulturellen Erfahrung des Kalten Krieges angesehen werden, insofern er ein Leitsymbol biologischer Befehls- und Kontrollgewalt darstellte«.

Es sollte nicht übersehen werden, dass der zentrale Begriff des genetischen Codes ein deutliches Relikt der Zeit darstellt, in der an seiner Aufklärung gearbeitet wurde. Bei einem Code denkt man zunächst an eine Geheimschrift, die von einem Gegner benutzt wurde und die es zu entschlüsseln galt, um seine Macht zu brechen. Militärische Codes waren selbstverständlich Transformationsregeln (Verschlüsselungen), die von konkreten Menschen mit einem konkreten Ziel gemacht worden waren. Der genetische Code ist dies zwar gerade nicht, er wird aber bis heute von der Wissenschaft und der Öffentlichkeit so behandelt, weshalb es uns immer noch leicht von den Lippen geht, von der Entschlüsselung irgendeiner genetischen Information zu sprechen (was sinnlos ist). Vielleicht schleppen wir da tatsächlich ein merkwürdiges Erbe des Kalten Krieges mit uns herum, das wahrscheinlich auf absehbare Zeit wenig Chancen hat, aus den Köpfen zu verschwinden.

Das Konzept der genetischen Information und der Erfolg, der mit der Aufdeckung des genetischen Codes gefeiert werden konnte, haben in den folgenden Jahrzehnten das Denken vieler Molekularbiologen dominiert, und nicht wenige sehen bis heute damit das Rätsel der Gene gelöst: Gene kodieren Proteine, und Proteine gehen ausreichende Wechselwirkungen miteinander ein, um so die Organismen aufbauen zu können. Allerdings werden Proteine gebraucht, damit ein Gen überhaupt ein Protein produzieren kann, und somit verdunkelt die berühmte Frage nach Henne oder Ei das scheinbar so helle biochemische Bild des genetischen Spiels (**Irrtümer**).

S. 116

Zu den uralten Weisheitslehren Chinas gehört die Einsicht, dass eine Sache dann einfach erscheint, wenn man weit genug von ihr entfernt ist. Oder anders formuliert: Je näher man der Wirklichkeit kommt, desto weniger sichtbar wird sie. Die Ein-Gen-ein-Enzym-Hypothese ist ein Blick aus der Ferne, der tatsächlich an Klarheit einbüßte, als man den Genen immer näher kam, und zwar so nah, dass man einzelne Bausteine unterscheiden konnte. Dies gelang dem amerikanischen Genetiker Seymor Benzer in der Mitte der fünfziger Jahre mit Versuchen an Bakteriophagen. Sie zeigten, dass die biochemisch gedachte Einheit der Mutation und Rekombination sehr viel kleiner war als die genetisch konzipierte Einheit der Vererbung. Diese Unterscheidungsmöglichkeit verleitete Benzer zu dem Vorschlag, den Begriff des Gens aufzugeben und durch die korrekter fassbaren Ausdrücke Cistron (als Einheit der Vererbung gemessen in einem Cis-trans-Test), Recon (als Einheit der Rekombination) und Muton (als Einheit der Mutation) zu ersetzen.

Es braucht nicht betont zu werden, dass Benzers Bemühen um wissenschaftliche Präzision die Gefolgschaft verweigert wurde. Es sollte allerdings gefragt werden, warum sein Vorstoß überhaupt keine Akzeptanz gefunden hat. Dies ist deshalb von Interesse, weil sich der Vorgang ein halbes Jahrhundert später wiederholte, als Stephen J. Gould und Jürgen Brosius versuchten, das »Gen« durch den Begriff »Nuon« zu ersetzen. Diese Wortschöpfung geht von der konkret fassbaren Tatsache aus, dass Gene aus Nukleinsäuren bestehen, und seine Schöpfer wollten von dieser Basis aus gewisse Unterscheidungen einführen. So sollten zum Beispiel DNA-Sequenzen, die eine evolutionäre Geschichte hinter sich haben, anders bezeichnet werden als DNA-Sequenzen, für die dies nicht der Fall war. Auch dieser Versuch, das Gen zu ersetzen, ist kaum beachtet worden, obwohl er ähnlich gut auf experimenteller Evidenz basierte wie seinerzeit Benzers Aufteilung in die drei genetischen Einheiten Cistron, Recon und Muton.

Zur der Zeit, in der Benzer mit seinen genetischen Experimenten klären wollte, was ein Gen ist und kann, machten sich die Biochemiker an die Aufgabe, die einzelnen Schritte zu erkunden, mit denen eine Zelle den Weg von einem Gen – verstanden als DNA-Molekül – zu einem Protein zurücklegt. Alle gingen dabei von der klaren Vorstellung aus, dass die Reihenfolge der DNA-Bausteine sowohl die Art der Aminosäuren festlegt, die in einem Protein vorhanden sind, als auch deren Reihenfolge. Wie erwähnt, wurde bereits 1953 vorgeschlagen, dass es dazu eines Zwischenträgers der Information bedarf, und als Kandidat für diese Aufgabe wurde die der DNA verwandte Substanz mit Namen **RNA** ins Spiel gebracht: Alexander `S. 102` Dounce machte den damals noch nicht experimentell abgesicherten Vorschlag, dass die DNA zur Herstellung von RNA verwendet wird, die ihrerseits als Vorlage oder Schablone (*template*) für die Anfertigung von Proteinen dient. Dieses im Grundsatz heute als richtig erkannte Schema stieß zunächst auf wenig Widerhall, weil viele Biochemiker der Überzeugung waren, dass raffinierte und kompliziertere Wechselwirkungen nötig seien, um die Proteine in all ihrer Spezifität synthetisieren zu können. Außerdem gab es keine Methode, um den Vorschlag mit der RNA zu prüfen.

Dies änderte sich aber im Jahre 1954, als Paul Zamecnik den Wissenschaftlern die Möglichkeit lieferte, die Synthese von Proteinen im Reagenzglas (*in vitro*) zu studieren. Mit diesem »In-vitro-System«, das man sich wie ein bei aller Reproduzierbarkeit geheimnisvoll bleibendes Kochrezept vorstellen kann, konnte im Verlauf der fünfziger Jahre gezeigt werden, dass es nicht eine, sondern mehrere Sorten von RNA gab, die auf dem Weg zum Protein nötig wurden, ja dass es sogar für jede Aminosäure eine eigene RNA geben musste, mit deren Hilfe sie verknüpft wurden.

Das Verständnis der Proteinsynthese ist dem Zusammenwirken von vielen Wissenschaftlern zu verdanken, die ihrerseits in Gruppen arbeiteten, die als interdisziplinäre Teams agierten – eine Praxis, die heute selbstverständlich ist, die sich damals aber erst entwickeln musste. Die Molekularbiologie erlebte mit ihrem Aufstieg auch eine Umwandlung des gesamten Wissenschaftsbetriebs. Während früher hervorstechende Persönlichkeiten den Ton angaben und die Forschung mehr oder weniger aristokratisch funktionierte, übernahmen nun Teams und Kooperationen die bestimmende Rolle.

Natürlich lebt die Wissenschaft trotz der zunehmenden sozialen Komponente von den Ideen individueller Köpfe, und wenn man gefragt wird, wer die herausragende Rolle in den Jahren gespielt hat, als es um das Verstehen der Proteinsynthese ging, kann man nur auf Francis Crick hinweisen, den Mitentdecker der Doppelhelix. 1957 erschien Cricks legendäre Arbeit *On Protein Synthesis*, in der ihm die entscheidende Einsicht durch den Begriff der Primärstruktur eines Proteins gelingt. Damit meinte er nichts anderes als die Reihenfolge der Aminosäuren in einem Protein, die er direkt mit der Reihenfolge in einem DNA-Molekül verknüpfte und als von ihr bestimmt ansah.

Dies ist der Inhalt seiner berühmten Sequenzhypothese, die sich bald als richtig herausstellte und durch die Entschlüsselung des genetischen **Codes** im Verlauf der sechziger Jahre so eindeutig bewiesen und fest zementiert wurde wie ein Naturgesetz. Die Spezifität der DNA steckt in der Sequenz ihrer Bausteine, und diese Hypothese besagt zusammen mit dem genetischen Code, dass nicht die fertige Gestalt, sondern nur die Primärstruktur eines Proteins genetisch festliegt. Was die fertige Gestalt angeht, so machte Crick – auf der Basis vieler physikalisch-chemischer und biologisch-genetischer Kenntnisse – den Vorschlag, dass Proteine ihre eigentliche (dreidimensionale) Konfiguration aus der Primärstruktur spontan annehmen, und zwar tun sie dies durch die Wechselwirkung mit dem Zellmilieu, in dem sie hergestellt werden und auftreten.

S. 105

Crick ging noch einen Schritt weiter und verkündete das bis heute eindrucksvoll klingende **Dogma der Molekularbiologie**, das den Weg festlegt, den die Information in einer Zelle nehmen kann. Sie fließt von der DNA des Gens über einen Zwischenträger, die RNA, in ein Protein – und von hier gibt es für die Information keinen Weg zurück. Das Gen ist in dieser Perspektive leicht als der Informationsträger der Zelle zu identifizieren, und das Bild macht einsichtig, warum die alte Einheit der Vererbung mit der Einheit der Mutation nicht mehr übereinstimmt. Für eine Variation reicht nämlich ein einzelner Gen-Baustein aus, durch den die Spezifität der DNA verändert wird (ähnliches trifft für die Rekombination zu), während die Vererbung auf ganze Gene (und damit auf längere DNA-Stücke) zielt.

S. 114

Als Cricks Ideen über die **Proteinsynthese** publiziert und experimentell abgesichert werden, wird tatsächlich entdeckt, dass ein einzelner mutierter Genbaustein in einem Protein vererbbare Auswirkungen nach sich ziehen kann. Das Protein heißt Globin; allerdings wird die Kette von Aminosäuren, die Biochemiker mit diesem Namen bezeichnen, nicht für sich allein, sondern nur im Verbund mit drei anderen ähnlichen Kettenmolekülen wirksam. Nur beim Zusammen-

S. 104

finden von vier Polypeptiden entsteht ein funktionierendes Protein, in diesem Fall das Hämoglobin, das als roter Blutfarbstoff bekannt ist und für die Verteilung von Sauerstoff in den Geweben des Körpers sorgt. Für jede der vier Ketten, die das Hämoglobin formen, gibt es ein Stück DNA, das die Information für die dazugehörige Primärstruktur enthält, wodurch die alte »Ein-Gen-ein-Protein-Hypothese« mehr oder weniger widerlegt wird. Beim Hämoglobin gibt es ja nicht ein, sondern offenbar vier Gene für ein Protein, und da damit nur das erste Beispiel von vielen, die noch entdeckt werden sollten, bezeichnet ist, verändert sich die biochemische Festlegung vom Gen notwendigerweise erneut, diesmal zu der »Ein-Gen-ein-Polypeptid-Hypothese.«

Unabhängig von Details dieser Formulierungen behauptete Cricks Dogma, dass es eine Molekülsorte gibt, die zwischen dem Gen und dem Protein vermittelt. Sie galt es zu finden. Der Nachweis der heute in den Lehrbüchern als Boten-RNA oder mRNA bezeichneten Molekülsorte stellte sich deshalb als äußerst schwierig heraus, weil dieser Zwischenträger der genetischen Information nur vorübergehend existiert und instabil ist.

Das Wort »Bote« (*messenger*) war um 1960 aufgekommen, als auch die chemische Natur der Molekülsorte feststand, nämlich RNA. Die Molekularbiologen – unter ihnen der aus Südafrika stammende Sydney Brenner und die Franzosen François Jacob und Jacques Monod – arbeiteten damals mit mutierten Bakterien, die unentwegt ein Protein herstellten, das der Wildtyp nur bei Bedarf anfertigte. In der Sprache der Wissenschaft sagt man, der Wildtyp ist induzierbar, während die Mutante konstitutiv ist. Bei ihren Vorarbeiten hatten die genannten Genetiker entdeckt, dass auch Bakterien sexuell aktiv sein können, was heißt: Sie sind in der Lage, genetisches Material (DNA) auszutauschen, also von einer Zelle in eine andere zu befördern. Es gab Spender- und Empfängerzellen (Donor und Rezipient), so wie es Männchen und Weibchen gibt, und damit ließ sich folgende Beobachtung machen: Wenn man dafür sorgte, dass ein induzierbares Weibchen das konstitutive Gen erhielt, begann dort ohne die kleinste Verzögerung (und ohne sonstige Zugabe) die Synthese des Proteins. Die Idee lag nahe – und hat sich auch als richtig erwiesen –, dass mit dem Gen auch der Zwischenträger der genetischen Information in das »Weibchen« geschleust wird. In solch einem Fall muss er auch biochemisch fassbar sein, was am Ende der fünfziger Jahre des 20. Jahrhunderts nach einigen dramatischen Versuchen gelang und sich in den Jahren danach als allgemeine Kenntnis durchsetzte. Damit konnten sich die ersten Biologen an die Arbeit des Lehrbuchschreibens machen, und in den sechziger Jahren kamen die ersten von ihnen auf den Markt – etwa die *Klassische und molekulare Genetik* von Carsten Bresch, die 1964 erschien, oder *The Molecular Biology of the Gene* von James Watson, die 1965 auf den Markt kam. Beide legen in etwa gleicher Weise fest, was ein Gen ist, nämlich der aus DNA bestehende Abschnitt auf einem Chromosom, der zur Ausübung einer Funktion erforderlich ist (die selbst merkwürdig offen bleibt). Seit der Zeit gibt es so etwas wie ein Paradigma der Genetik, das erst zu einer »Molekularbiologie des Gens« und dann zu einer »Molekularbiologie der Zelle« führte. Es ist natürlich keine Frage, dass die Zunft der Biologen allen Grund hat, stolz auf das Erreichte zu sein. Trotzdem scheint es, dass sich heute nach und nach berechtigte Zweifel am Standardmodell des genetischen Denkens bemerkbar machen, die zum Ersten mit Einsichten in die Stabilität der Gene und zum Zweiten mit immer mehr Funktionen zu tun haben, die der bisher eher stiefmütterlich behandelten RNA zugewiesen werden können.

Die genetische Regulation

Bisher konnte man den Eindruck gewinnen, dass Gene genau die eine Aufgabe haben, die Information für ein Protein zu liefern –

genauer: für die Polypeptidketten, die ein Protein ausmachen. Genau dies dachten die Genetiker bis zum Ende der fünfziger Jahre. Doch nach und nach tauchten Beobachtungen auf, die ein erweitertes Verständnis verlangten; eine davon haben wir schon kennengelernt. Sie stammt von Mitgliedern der so genannten »französischen Schule« der Molekularbiologie, zu der neben den beiden schon erwähnten Franzosen Monod und Jacob auch André Lwoff (und noch einige andere) gehörte. Die drei hatten etwas beobachtet, was sie als »Diauxy-Phänomen« bezeichneten. Hinter dem merkwürdig klingenden Wort, das auf zwei Sorten Nahrung hinweist, verbirgt sich die Fähigkeit von Bakterien, zwischen zwei angebotenen Sorten von Zucker im Nährmedium zu unterscheiden. Sie nehmen nicht beide zugleich auf, sondern verzehren erst eine Form und greifen zur zweiten nur dann, wenn die erste verbraucht ist. In den ersten Versuchen setzten die Molekularbiologen Glukose und Laktose ein, und immer verschwand zuerst die (kleinere) Glukose aus dem Nährmedium, bevor die Bakterien sich der (größeren) Laktose zuwandten. Wenn sie dies taten, so zeigte die biochemische Analyse, dann setzten die Zellen ein Enzym ein, das aus historischen Gründen Beta-Galaktosidase heißt. Es diente der Zerlegung des Zuckers, der natürlich zunächst einmal in das Innere der Bakterien geholt werden musste.

Von den vielen Problemen, die in diesem Zusammenhang auftauchten, nahmen sich Lwoff, Jacob und Monod die Frage nach der Herkunft des Enzyms vor. Als Grundlage ihrer Arbeiten diente die so genannte Adaptor-Hypothese, der zufolge die Beta-Galaktosidase den Zellen zuerst in einer inaktiven Form zur Verfügung steht, bevor sie durch ein Signal von außen den neuen Bedingungen angepasst (adaptiert) wird. Das Signal könnte das Verschwinden des anfänglich in den Stoffwechsel eingeführten (»metabolisierten«) Zuckers sein oder eine andere Form haben, die es noch zu ermitteln galt.

Als Genetiker wollten die Mitglieder des Pariser Trios ihre Hypothese mit Hilfe von Mutanten testen, die vor allem dadurch aufgespürt werden konnten, dass es chemische Substanzen gab, die zwar sehr ähnlich gebaut waren wie die Laktose, aber nicht von den Bakterien verdaut werden konnten. Man spricht in diesem Fall von analogen Verbindungen (Analoga), und ihre Anwendung erlaubte es bald, die Grenzen der Adaptor-Hypothese zu erkennen und sie durch eine andere Annahme zu ersetzen, die man *inducer-hypothesis* nannte. Wie sich herausstellte, agierte die Laktose als *inducer*, womit gemeint ist, dass der Zucker nicht eine vormals inaktive Form der Beta-Galaktosidase in eine aktive umwandelte, sondern überhaupt erst einmal für die Synthese des Enzyms sorgte. Laktose induzierte die Anfertigung der Beta-Galaktosidase, die deshalb als ein steuerbares Protein anzusehen war.

Mit anderen Worten: Gene konnten reguliert werden. Gene sind nicht immer und zu allen Zeiten in Funktion, das heißt sie werden nicht immer »exprimiert«: Die Expression von Genen kann je nach Bedürfnis und Bedingung ein- oder ausgeschaltet werden, wie sich bald im Anschluss an die Arbeiten der französischen Schule herausstellte. Ein großes und faszinierendes Rätsel war, wie die genetische Regulation der Gene in einer Zelle vor sich geht.

Die Lösung verdanken wir vor allem Jacob und Monod, und sie lässt sich in sehr einfacher Weise formulieren: Es gibt nicht nur Strukturgene, in denen die Informationen für den Bau eines Proteins (einer Polypeptidkette) angelegt sind, sondern es gibt auch Regulatorgene, die steuern, unter welchen Umständen Strukturgene exprimiert werden oder nicht.

Für diese Regulatorgene hat sich heute die mechanisch klingende Redeweise von Genschaltern eingebürgert, die nicht nur unglücklich ist, weil sie ein Maschinenbild des Lebens suggeriert, sondern weil sie nicht deutlich macht, dass es sich bei den regulierenden Elementen um Gene handelt – eben um Gene mit einer Kontrollfunktion, die sich von der bis dahin einzig bekannten Funktion der Informationsspeicherung unterschied.

Insgesamt konnten Jacob, Monod und viele andere mehrere Elemente der Regulation ausmachen, die unter den Namen Repressor, Operator und Promotor bekannt geworden sind. Das klassische Beispiel, an dem die Funktionen der entsprechenden DNA-Sequenzen erkannt worden sind, beruht auf den Einsichten, die beim Studium der Einbringung von Laktose in den Stoffwechsel gelungen sind, nachdem die Bakterien den einfacheren Zucker Glukose verbraucht hatten. In der Literatur spricht man in diesem Zusammenhang vom Lac-Operon. Mit dem Begriff des Operons ist eine zusammenhängende Gruppe von Genen gemeint, die einer gemeinsamen Regulation unterliegen. Im Fall des Lac-Operons funktioniert die Sache wie in Abbildung 11 dargestellt.

Die Zelle stellt im Normalfall ausreichender Versorgung mit einem leicht verdaulichen Zucker (Glukose) sicher, dass die Beta-Galaktosidase nicht synthetisiert wird, und sie tut dies, indem sie ein anderes Protein – den Repressor – anfertigt, der das Lac-Operon blockiert, und zwar einfach dadurch, dass er ein DNA-Stück besetzt, das auf diese Weise die Funktion eines Operators bekommt, wie man sagt. Wenn es nun der Laktose gelingt, zu dem Repressor vorzudringen, klammert sich der Zucker fest an das Protein, das durch dieses Anbinden so umgeformt wird, dass es nicht weiter an der DNA haften bleiben kann. Die Unterdrückung des Lac-Operons ist aufgehoben, und die Anfertigung der Beta-Galaktosidase und der anderen Enzyme, die für das Heranholen und Verspeisen der Laktose benötigt werden, kann beginnen. Dies geschieht dadurch, dass ein anderes Enzym an ein anderes Stück DNA bindet und mit der Umschreibung (Transkription) der DNA-Sequenz für die Beta-Galaktosidase in ein RNA-Molekül beginnt. Dieses Enzym nennen die Biochemiker Polymerase – genauer DNA-RNA-Polymerase –, und die Stelle, an der es das genetische Material bindet, heißt Promotor.

Von den drei Stukturgenen, die in dem Laktose-Operon eine Einheit bilden, kennt man trotz jahrzehntelanger Bemühungen noch nicht

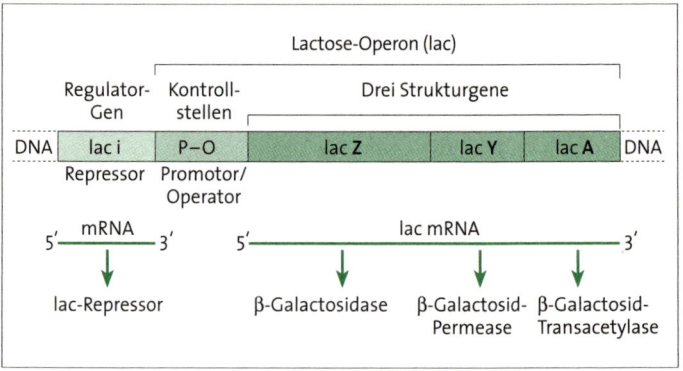

Abb. 11: Das Lac-Operon

alle Raffinessen. Zwar ist klar, dass das erste Enzym die Laktose in den Stoffwechsel einfügt, und man hat auch verstanden, dass das zweite Enzym, dessen Tätigkeit durch den Begriff der Permease beschrieben wird, für den Transport des Zuckers aus dem Medium in die Zelle zuständig ist. Aber wozu genau das dritte Enzym, dessen sehr komplizierter Name sein biochemisches Tun im Detail beschreibt, von den Bakterien benötigt wird, muss nach wie vor erforscht werden.

Es ist wichtig zu betonen, dass Operator und Promotor nicht einfach nur DNA-Sequenzen sind, sondern wirklich und wahrhaftig als Gene bezeichnet werden müssen, da Mutationen in ihnen Auswirkungen auf die Erscheinungsform der Bakterien haben und auf die Nachkommen vererbt werden.

Das Lac-Operon stellt ein Beispiel für die Art der Regulation dar, die in der Sprache der Techniker *negative feedback* (negative Rückkopplung) heißt, womit das Aufheben einer Repression gemeint ist. Wer diesen Ausdruck hört, wird sofort schließen, dass es auch die entsprechende positive Rückkopplung im Zellgeschehen gibt, und sie wurde bald auch gefunden. Wichtig an diesen – immer bei einzelligen Bakterien gemachten – Entdeckungen war vor allem, dass sie den Weg für ein Forschungsprogramm aufzeigten, mit dem man das genetische Geschehen in Zellen von komplexeren, »höheren« Organismen erkunden wollte. Die Aufgabe bestand offenbar darin, ihre Regulatorgene zu identifizieren und zu charakterisieren, um zu verstehen, wie diese DNA-Sequenzen und die dazugehörigen Strukturgene interagierten und möglicherweise Netzwerke bildeten.

Natürlich stand man am Ende der sechziger Jahre erst am Beginn dieser Aufgabe, aber trotzdem wähnten sich viele führende Molekularbiologen dieser Zeit schon kurz vor dem Ziel eines genetischen Verständnisses des Lebens. Sie erwarteten jedenfalls in Zukunft keine wesentlichen gedanklichen Neuerungen mehr. Mit dem **Dogma der Molekularbiologie**, dem genetischen Code und dem Mechanismus der Genregulation schien »die fundamentale Basis der Biologie« bekannt zu sein, wie Monod 1972 in seinem Bestseller *Zufall und Notwendigkeit* schrieb: Diese Basis – DNA, Code, Dogma, Regulation – werde »zwar niemals in der Lage sein, das Ganze der Biosphäre vorzuführen und vorherzusagen, sie stellt trotzdem aber eine allgemeine Theorie der lebenden Systeme dar«, mit der man sicher zufrieden sein konnte.

That was the Molecular Biology that was hieß 1968 der erste Rückblick, der Entstehung und Höhepunkt der Molekulargenetik schilderte und dessen Verfasser, Gunther Stent, offenbar meinte, es wäre schon möglich, ihre endgültige Geschichte zu schreiben. Das optimistische Motto hatte Crick 1962 ausgegeben, als ihm zusammen mit Watson der Nobelpreis übergeben wurde. In seiner Dankesrede sagte er: »Wir kommen an das Ende eines Zeitalters in der Molekularbiologie. Wenn die Entdeckung der DNA-Struktur das Ende des Anfangs war, dann ist die Entdeckung des genetischen Codes der Anfang des Endes.«

Zehn Jahre später schien auch dieser Anfang zu Ende, die Molekularbiologie hatte offenbar ihre Schuldigkeit getan. Doch nur ein Jahr

S. 114

später – im November 1973 – sah alles schon wieder ganz anders aus. Die Gentechnik nahm einen neuen Anfang, der bis heute kein Ende erkennen lässt.

EIN DYNAMISCHES MOSAIK

Als am Ende der 1960er die politisch-gesellschaftliche Welt aus den Fugen zu geraten schien, wurde die Genetik offenkundig langweilig – kurzfristig jedenfalls. Ihre führenden Vertreter schrieben Biographien (wie Watson) und Geschichtsbücher (wie Jacob) oder wanderten in andere Bereiche der Wissenschaft ab (Crick etwa kümmerte sich von nun an um Neurobiologie). Man meinte, das Leben molekular zu verstehen, bis man verstehen musste, dass man die Moleküle unterschätzt und noch nichts von ihnen verstanden hatte. Auslöser einer neuen Genetik war die 1973 publizierte Beschreibung einer Methode, die im Volksmund unter dem Namen »Gentechnik« sehr populär werden sollte.

Die Gentechnik stellte ein Verfahren zur Neukombination und Vermehrung – Rekombination und Klonierung – von DNA-Molekülen dar und hatte daher zunächst weniger mit funktionellen Genen und mehr mit materiellen Molekülen zu tun. Für das Verständnis der Genetik und ihrer Objekte wäre es deshalb besser gewesen, wenn sich die sachlich korrekte Bezeichnung »Technik der DNA-Rekombination« oder eine ähnliche Wendung nach dem amerikanischen Vorbild der »Recombinant DNA technology« sowohl im fachlichen Gespräch als auch in der öffentlichen Diskussion durchgesetzt hätte. So reden wir heute von Gentechnik, ohne zu wissen, ob das anvisierte DNA-Stück, mit dem wir handwerklich (»manipulierend«) umgehen und das wir zwischen Reagenzgläsern einerseits und Zellen andererseits hin- und herbewegen, ein Gen ist oder nicht. Denn so klar es ist, dass Gene aus DNA bestehen, so klar ist auch, dass nicht alle DNA in einer

Zelle die Qualifizierung als Gen verdient. Im Schatten der Aufdeckung des genetischen Codes und leider auch mit weniger Aufmerksamkeit bedacht als die Einführung der Gentechnik hatten zahlreiche wissenschaftliche Bemühungen um die Erbsubstanz Hinweise darauf gebracht, dass es eine Menge DNA in den Chromosomen gab, die weder zu einem Protein führte noch für die Regulierung seines Auftretens zuständig war.

DNA, der man keine Funktion zuweisen kann, nennen die Genetiker gerne »überflüssig«, wenn ihnen keine schlimmeren Worte wie »Schrott« einfallen. Die zu der Einsicht von genetisch nicht unbedingt erforderlichen DNA-Mengen führenden Untersuchungen wurden nicht mit Bakterien, sondern mit Zellen gemacht, die über einen Zellkern verfügen und deshalb als eukaryontisch bezeichnet werden. Die meisten Organismen, die im Kontext der Evolution als die höheren bezeichnet werden, sind Eukaryonten, wie es heißt, und Menschen, Mäuse, Fliegen und Würmer zählen dazu. Der Fachbegriff ist nötig, weil es auch Lebensformen ohne Zellkern gibt. In diesem Fall ist von Prokaryonten die Rede, und die bekanntesten Vertreter dieser Gruppe sind die vielfach erwähnten Bakterien, die allerdings in der Genetik eine prominente Rolle gespielt haben. Das Wissen, das die heutige Molekularbiologie angehäuft hat, konnte sie vornehmlich mit Hilfe von Bakterien gewinnen. Wer in den sechziger und siebziger Jahren Genetik trieb, experimentierte zumeist mit Bakterien und dabei vor allem mit dem beliebten »Haustierchen« der Molekularbiologen, das friedlich in der menschlichen Darmflora leben kann und daher Colibakterium heißt. Ganz korrekt ist von *Escherichia coli* (*E. coli*) die Rede.

Der genetische Code, die Genregulation, die Mechanismen der Proteinsynthese und die Rekombination von DNA im Reagenzglas – all dies war mit *E. coli* oder anderen prokaryontischen Lebensformen untersucht worden, deren Gene sich mehr oder weniger frei im Zellsaft bewegen, ohne von einer Kernhülle umschlossen zu werden. Doch nach und nach kehrten die Genetiker zu den Organismen zurück, mit deren Erkundung ihre Wissenschaft begonnen hatte, das heißt vor allem zur Fliege und zur Hefe, und dabei entdeckte man, dass zwar viele Einsichten aus der Welt der Bakterien auch hier Geltung hatten, dass es aber trotzdem galt, höchste Vorsicht walten zu lassen, bevor man eine Verallgemeinerung riskierte.

Zuerst fiel auf, dass in eukaryontischen Zellen nicht Gen hinter Gen lag, sondern es eine Menge DNA gab, die einfach zwischen zwei kodierenden DNA-Sequenzen lag und sie auf Abstand hielt – »*intergenic* DNA«, die als *spacer* funktionierte. Es gab weiter DNA, die aus vielfach wiederholten (repetitiven) Sequenzen bestand und über deren Funktion man zunächst nur negative Aussagen machen konnte, zum Beispiel dass sie nicht als Gen dienen. Mit anderen Worten: Sobald man über den bakteriellen Zaun hinweg blickte, zeigte sich, dass DNA und Gene auf keinen Fall verschiedene Ausdrücke für dieselbe Sache sind. Das leuchtet allein deshalb von Grund aus ein, weil DNA als chemische Substanz ausschließlich etwas Materielles meint, während Gen als biologischer Begriff darüber hinausgehen und zum Verständnis von Leben beitragen muss.

Gentechnik spielt sich strikt im Bereich der Moleküle ab, und so ist und bleibt sie das Rekombinieren von DNA-Fragmenten. Nicht mehr und nicht weniger, was allerdings auch genug ist. 1973 entdeckte man die Möglichkeit, DNA-Moleküle aus verschiedenen Zellen erst zu isolieren, dann im Reagenzglas zu zerlegen, danach die Fragmente neu anzuordnen und abschließend die auf diese Weise neu zusammengestellte (rekombinierte) DNA in die Zellen zurückzubringen, wo sie biologisch wirksam werden können. Dadurch ergaben sich zwar zunächst keine neuen Einsichten in das, was unter einem Gen zu verstehen ist. Die Gentechnik hat aber trotzdem – und zwar vor allem indirekt – geholfen, das Verständnis für das Gen zu verändern und voran zu bringen, weil sich mit ihrer Hilfe DNA-Abschnitte solange gezielt vermehren ließen, bis ihre Menge für eine biochemische Analyse ausreichte. Die Gentechnik stellt so etwas wie ein hochauflösendes Mikroskop dar, mit dem sich Gene in den Blick nehmen lassen. Was dabei dann sichtbar wird, überrascht und verblüfft die Genetiker bis heute und lässt einige ihrer Vertreter ernsthaft über die Frage nachdenken, ob das »Gen« – gemeint ist das Wort – überhaupt eine Zukunft hat. Wie sich nämlich in Experimenten, die im nächsten Abschnitt näher beschrieben werden, herausstellte, unterscheiden sich die genetischen Ordnungen in Zellen mit und in Zellen ohne Zellkern nicht nur durch die oben erwähnten DNA-Mengen außerhalb der Gene (also zwischen ihnen). Sie unterscheiden sich vor allem durch DNA innerhalb der Gene. Während einzelne prokaryontische Gene *am Stück* – oder einige von ihnen als durchgängige Gruppe ohne Zwischenraum – vorhanden sind, liegen eukaryontische Gene *in Stücken* vor. Gene in den Zellen höher entwickelter Organismen lassen nicht nur eine zusammenhängende Struktur vermissen, sie verfügen auch nicht über einen festen Platz in der Zelle, und das Einzige, auf das sich ein Genetiker zur Zeit verlassen kann, ist die gesamte Menge an DNA, über die eine Zelle verfügt und die Genom heißt. Damit ist vielleicht der Begriff gefallen, der in Zukunft besser geeignet ist, die Vererbungsabläufe zu fassen. Sicher ist dies auf keinen Fall, unter anderem auch deshalb, weil das hübsche kleine Wort (Gen) besser klingt als das längere.

Das Ende der Einfachheit

Den ersten Schritt zu der angedeuteten neuen Einsicht in die Struktur der Gene verdankt die Wissenschaft der Entdeckung von Viren, die sich nicht an das **Dogma der Molekularbiologie** hielten und ein Mittel – genauer ein Enzym – gefunden hatten, um den Weg von der DNA zur RNA auch in Gegenrichtung von der RNA zur DNA gehen zu können. Nachgewiesen hatten einige Molekularbiologen diese umgekehrte Umschreibung in den frühen siebziger Jahren des 20. Jahr-

S. 114

hunderts. Der Vorgang heißt auf Amerikanisch *reverse transcription* und ist einem Enzym mit dem einleuchtenden Namen »Reverse Transcriptase« zu verdanken.

Am Anfang dieser unerwarteten Entdeckung stand die Beobachtung, dass es Viren gibt, deren Erbmaterial nicht aus DNA, sondern aus RNA zusammengesetzt ist. Nun hätte es sein können, dass diese Viren ihre RNA unmittelbar als mRNA nutzen und auf diese Weise direkt in die Proteine umsetzen lassen, die sie wie alles Lebendige brauchen. Doch die Nachprüfung ergab, dass das kleine Leben den molekularen Dienstweg einhält und die Schleife über die DNA nimmt, um an seine Proteine zu kommen. Die Viren stellen also nach der Vorgabe durch ein RNA-Molekül ein Stück DNA her, und da sie also zu einer reversen Transkription fähig sind, heißen sie aus nachvollziehbaren Gründen Retroviren. Ihr anti-dogmatisches Enzym, die Reverse Transcriptase, zog natürlich das allergrößte Interesse der Wissenschaft mit der Konsequenz auf sich, dass das Protein bald in reiner Form gewonnen und in biochemischen Experimenten eingesetzt werden konnte. Und dabei kam es zu einer großen Überraschung.

Um zu verstehen, wie das völlig Unerwartete in der Genetik eingetreten ist, muss man sich vor Augen halten, dass es dank einer Reversen Transkriptase zwei Wege gibt, um ein Gen – verstanden als ein Stück DNA – zu isolieren und zu gewinnen: einen direkten und einen indirekten. Die direkte Möglichkeit besteht darin, die zu dem Gen gehörende Doppelhelix aus der Zelle abzutrennen und anzureichern (mit gentechnischer Hilfe), und die indirekte Möglichkeit besteht darin, erst die mRNA des Gens zu isolieren, um aus ihm anschließend mit dem Umkehrenzym das dazugehörige DNA-Molekül anzufertigen. Die auf die zweite (enzymatische) Weise angefertigte DNA nennen die Genetiker cDNA; das c steht für copy und soll ausdrücken, dass es sich nicht um einen natürlichen DNA-Abschnitt handelt, sondern um ein Fragment, das kopiert worden ist nach der Vorgabe der mRNA, in der die Information für ein Protein steckt.

Nun klingt das alles bisher wie eine Menge technischer Details ohne wissenschaftlichen Nährwert. Doch kamen einige Biochemiker auf die Idee, einmal nachzusehen, ob die direkt und die indirekt gewonnene DNA eines Gens – also die DNA aus der Zelle und die cDNA aus dem Reagenzglas – übereinstimmen oder ob sich da Unterschiede ausmachen lassen. Und es zeigte sich: Die cDNA war zum Teil erheblich kürzer als die direkt aus den Zellen isolierte DNA. Diese Unterschiede konnten im Elektronenmikroskop unmittelbar sichtbar gemacht werden. In Abbildung 12 werde sie am Beispiel des Gens gezeigt, das die Information für ein Protein namens Ovalbumin trägt – im Alltag besser als Hühnereiweiß bekannt. Die elektronenmikroskopische Aufnahme, für deren Herstellung DNA isoliert, auf einer Oberfläche ausgebreitet und in diesem Zustand so präpariert wird, dass sie mit einem Elektronenstrahl abgetastet werden kann, lässt den Fachmann erkennen, was zur Veranschaulichung in der Skizze darunter gezeichnet ist. In dem Bild lassen sich ein- und doppelsträngige Bereiche von DNA unterscheiden und so ist zu erkennen, dass die Sequenzen in der cDNA beziehungsweise mRNA wesentlich kürzer sind und die natürliche DNA aus der Zelle viel Material zwischen jenen DNA-Abschnitten hat, die das Ovalbumin kodieren. Insgesamt ergibt sich daraus die zerstückelte Genstruktur, die als Hell-Dunkel-Muster dargestellt ist, die Ziffern gehen die Positionen von Basen in der DNA an.

Wie ist die Aufnahme zustande gekommen? Um dies zu erklären, muss ein wenig ausgeholt werden. Bekanntlich besteht ein DNA-Molekül als Doppelhelix, das heißt es gibt zwei Stränge, die sich umeinander winden. Schon seit vielen Jahren ist bekannt, dass diese Ordnung durch eine Erhöhung der Temperatur gestört werden kann. Bei einer bestimmten Temperatur lösen sich die Stränge voneinander, und aus einer DNA-Doppelhelix werden zwei Einzelstränge, die sich erneut zusammen legen, wenn die Temperatur gesenkt wird. Wenn nun in einem Reagenzglas verschiedene DNA-Moleküle zu-

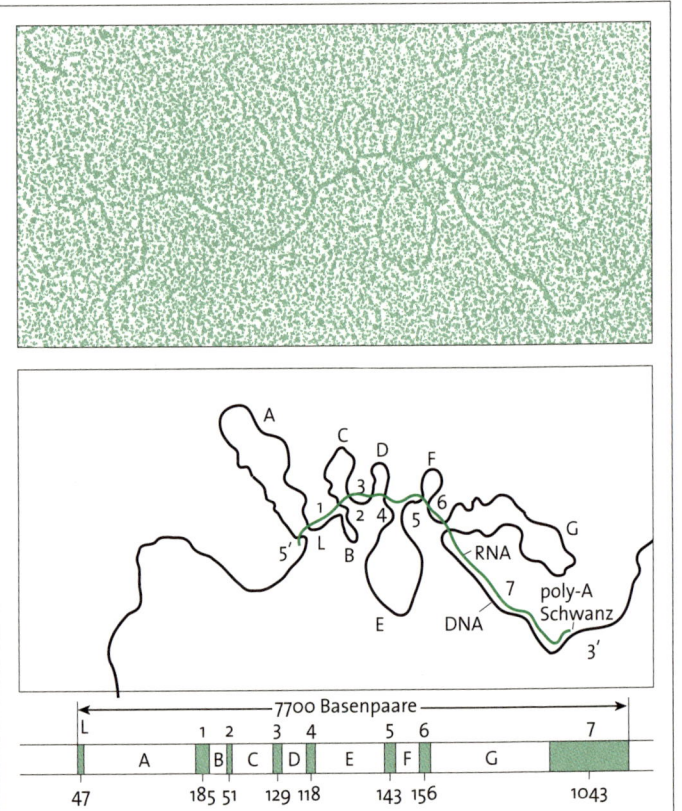

Abb. 12: Der Nachweis von Mosaikgenen am Beispiel des Gens für Ovalbumin (Hühnereiweiß). Die Beobachtung von *split genes* ist ursprünglich mit cDNA gelungen; zur Demonstration des überraschenden Befundes ist in der Abbildung mit der mRNA selbst gearbeitet worden.

sammengebracht werden und dafür gesorgt wird, dass sich die Doppelstränge erst auflösen und anschließend wieder bilden, dann können auch so genannte hybride Moleküle entstehen. Bei ihnen versuchen zwei Stränge eine Doppelhelix zu bilden, die vorher nicht zusammen waren. Sie können sich natürlich nur dort aneinander binden, wo sie mit den gleichen Sequenzen von Basen ausgestattet sind.

Man spricht bei diesem Vorgehen von DNA-Hybridisierung, und als es in einer Lösung durchgespielt wurde, in der die zu einem Gen gehörende DNA, die direkt aus der Zelle kam, mit der entsprechenden cDNA gemischt war, die man mit Hilfe einer Reversen Transkriptase angefertigt hatte, da zeigte das hybride Molekül, dass die zelluläre DNA zwar alle Abschnitte der cDNA erfassen und binden konnte, dass sie darüber hinaus aber noch viel mehr Sequenzen umfasste und sehr viel länger war. Nur an einem ihrer Enden ist die mRNA beziehungsweise die damit herstellbare cDNA länger als das zelluläre Original. Sie trägt einen in der Abbildung 13 sichtbaren Schwanz mit sich herum, der nur aus den Basen mit Namen Adenin besteht. Man spricht vom Poly-A-Schwanz, der natürlich ebenfalls seine Funktion hat, auch wenn niemand so recht anzugeben weiß, welches Signal mit ihm gegeben wird.

Die Beobachtung mit der geschrumpften mRNA und ihrem zerschnipselten Ursprung ist Ende der siebziger Jahre des 20. Jahrhunderts wahrscheinlich in vielen Laboratorien gleichzeitig gemacht worden, ohne dass die Experimentatoren ihren Augen trauten. Die Techniken standen überall zur Verfügung. Man sah die überstehenden einzelsträngigen DNA-Stücke und erkannte sie nicht. Man sah nicht, was sie bedeuteten, und dachte eher daran, dass etwas mit dem Experiment nicht funktioniert hat. Es dauerte einige Zeit, bevor sich die ersten Molekulargenetiker mit ihrer schon angekündigten Entdeckung von Genstücken an die Öffentlichkeit wagten: In einem Strukturgen – so der damals umwerfende wissenschaftliche Befund, der heute längst zum Lehrbuchwissen geworden ist und sich für nahezu alle (eukaryontischen) Gene in mehrzelligen (»höheren«) Lebewesen als gültig erwiesen hat – werden Abschnitte, in denen die Informationen über die Reihenfolge der Aminosäuren eines Proteins

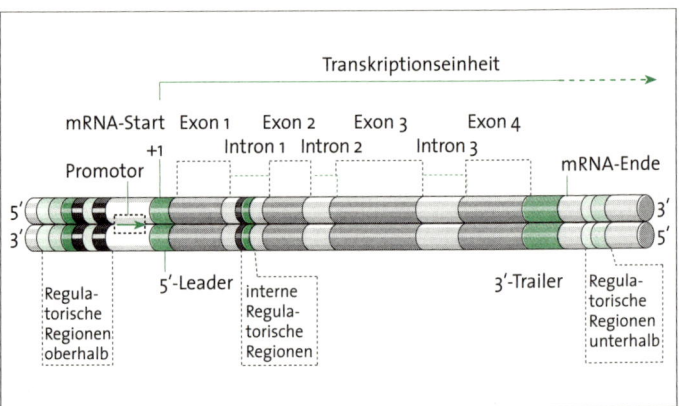

Abb. 13: Ein typisches Gen in der Zelle eines eukaryontischen Organismus

stecken, von Abschnitten unterbrochen, die keine solche Information enthalten (Abbildung 13). In der Zwischenzeit hat sich der Sprachgebrauch eingebürgert, die informativen DNA-Abschnitte als »kodierende DNA« zu bezeichnen. So lässt sich sagen, dass Gene in höheren Organismen aus kodierenden und nicht-kodierenden Stücken bestehen. Zur allgemeinen Überraschung der Fachwelt wurde entdeckt, dass die kodierenden Abschnitte zum Teil sehr viel kürzer als die nicht-kodierenden waren, was die (nach wie vor unbeantwortete) Frage nach ihrer Funktion nur dringender macht.

Wer heute ein typisches Gen zeichnen will, wie es in der Zelle eines eukaryontischen Organismus zu finden ist, muss neben dem Mosaik mit all seinen genetischen Steinchen noch andere Elemente berücksichtigen, die der Regulation dienen. Einige von ihnen sind in der Abbildung enthalten, ohne dass sie hier näher beschrieben werden. Darüber hinaus gibt es noch mehr DNA-Elemente, die sich auf ein Gen auswirken und daher vielleicht zu ihm gehören. Ein Beispiel stellen so genannte Enhancer oder Verstärker dar. Die damit bezeichneten DNA-Sequenzen sorgen für die vermehrte Expression eines Gens, das gar nicht in der Nähe seines Enhancers zu liegen braucht. Dabei ist anzunehmen, dass die Natur über die hier geschilderten Regulationsmöglichkeiten noch andere erfunden hat, die von der Wissenschaft erst noch entdeckt werden müssen.

Kurz nach der Einsicht in die zerstückelte Seinsweise der Gene bekamen die beobachteten Tatbestände zugleich wissenschaftlich klingende und einprägsame Namen: Eine kodierende Sequenz, die exprimiert wird, heißt aus diesem Grunde Exon, und eine nicht-kodierende Sequenz heißt Intron, und das Gen, das sich als Exon-Intron-Folge darstellt, nennt man Mosaikgen.

Für den Weg von einem Mosaikgen zum Protein respektive zu der dazugehörigen Polypeptidkette reichten jetzt nicht mehr die beiden Stufen der Transkription und Translation. Es gilt nun darüber hinaus, die Intronsequenzen zu entfernen, und dies geschieht nach Anfertigung eines primären Transkripts auf der Ebene der RNA-Moleküle in einem Vorgang, den die Biochemiker nach einer Vorgabe aus der Technik Spleißen nennen. Damit ist das Ausschneiden von Teilstücken gemeint, dem ein Zusammenschweißen der Teile zu einem Ganzen folgt. Dieses Ganze ist im Fall der Proteinsynthese die mRNA, die jetzt viel weniger Bausteine umfasst als die DNA, von der aus das Botenmolekül angefertigt worden ist.

Mit den neuen Einsichten kamen neue Unklarheiten: Warum gibt es Gene in Stücken? Warum tragen die Zellen höherer Organismen Mosaikgene? Gab es im Verlauf der Evolution zuerst Gene mit einer Exon-Intron-Struktur, die dann im Laufe der Zeit verschwunden ist? Oder gab es sie zunächst ohne diese Aufteilung, wie sie bis heute etwa in Bakterien zu finden sind, um dann im Laufe der Evolution all die Zwischenräume anzuschaffen, die jetzt mit Hilfe der Gentechnik erkennbar werden?

Fragen über Fragen stürzten nach der Entdeckung dieser merkwürdigen Zergliederung auf die Biowissenschaftler ein, und viele von ihnen sind nach wie vor offen. Dies gilt auch für eine Frage, die beim ersten Hören sehr ketzerisch klingt, die aber trotzdem ihre Berechtigung hat. Die Frage lautet, ob überhaupt noch von einem Gen oder von Genen die Rede sein kann, wenn sich in einer Zelle nur die Stücke finden lassen, die wir Exon und Intron nennen. Wie weit können wir noch gehen, um die alte »Ein-Gen-ein-Enzym-Idee« zu retten, die jetzt selbst als »Ein-Gen-ein-Polypeptid-Hypothese« nicht mehr taugt, weil es das *eine* Gen gar nicht gibt, das am Anfang steht?

Die Antwort auf die Fragen konnte durch die Untersuchung der genetischen Grundlage der Proteine gefunden werden, über deren Struktur die Biowissenschaftler zur damaligen Zeit am besten und genauesten informiert waren. Die Proteine, um die es in der Forschung dabei konkret ging, heißen Antikörper. Sie tragen zur Immunreaktion des Körpers bei und haben diesen Namen, weil sie gegen die Fremdstoffe gebildet werden, die in einen Körper eindringen und ihm Schaden zufügen können. Eines der zahlreichen Rätsel in der Biologie bestand darin, wie es ein Organismus im Rahmen seiner Immunabwehr schaffen kann, der ungeheuren Vielfalt der möglichen Fremdkörper, die unglücklicherweise Antigene heißen (und nichts mit Genen zu tun haben), zu begegnen. Es ließ sich zum einen leicht abschätzen, wieviel Antigene die Umwelt verfügbar hat, und es ließ sich ebenso leicht ausrechnen, wieviel Gene, wieviel genetisches Material benötigt wurde, um für jedes Antigen einen Antikörper als Abwehrprotein herzustellen. Die Rechnung ergab, dass die vorhandene Menge an DNA in einer Zelle des Immunsystems nicht ausreichte, um seine Reaktionsvielfalt zu erklären. Deshalb machten sich schon in den sechziger Jahren im Hintergrund aller genetischen und molekularbiologischen Fortschritte Zweifel an der Hypothese breit, dass es für jedes Protein (beziehungsweise für jede Polypeptidkette) ein Gen geben musste – zumindest beim Immunsystem konnte dies nicht der Fall sein.

Solange es die Gentechnik noch nicht gab und somit kein direkter Zugriff auf die Gene selbst möglich war, konzentrierten sich viele

Biochemiker auf die Proteine selbst, und so kam nach und nach immer deutlicher deren Struktur zum Vorschein (Abbildung 14). Ganz allgemein zeigt sich ein Gebilde, das wie ein Y aussieht. Es lassen sich vier Polypeptidketten ausmachen, zwei kurze und zwei lange, die von den Immunologen als leichte und schwere Ketten bezeichnet wurden. Wenn wir uns für diesen Augenblick auf die leichten Ketten konzentrieren, finden wir erneut zwei Teile. Da gibt es einen, der konstant ist, was heißt, dass er in allen Antikörpern zu finden ist und keine Besonderheit erkennen lässt, die mit dem Fremdkörper (Antigen) zu tun hat, der eingefangen werden soll. Und da gibt es einen zweiten, der variabel ist, was heißt, dass seine Zusammensetzung von Antikörper zu Antikörper variiert; dadurch ist ihm die Spezifität verliehen, die er benötigt, um das anvisierte Antigen zu binden und damit unschädlich zu machen.

Der entscheidende Punkt besteht nun darin, dass die beiden funktionell verschiedenen Teile einer leichten Kette eine durchgängige Struktur bilden. Das ist so wie bei einem Messer, das am Stück vorliegt und bei dem man trotzdem die Klinge vom Griff unterscheiden kann. Die funktionell unterscheidbaren Teile nennt man nun die Domänen der leichten Kette. Und wie sich im Rahmen der genauen genetischen Analyse herausstellte, wird die Information für den Bau einer Domäne von einem Exon geliefert. Mit anderen Worten: Aus dem ursprünglich so schönen und übersichtlichen Grundgedanken, dass ein Gen ein Protein macht, ist heute die feinere und detailliertere Einsicht geworden, dass ein Genstück ein Proteinteil macht. Im Fachjargon: Ein Exon kodiert eine Domäne.

Ein Exon – eine Domäne. Und was tut ein Intron? Auf diese Frage gibt es bislang keine allgemein befriedigende Antwort. Diese stummen Zwischenstücke müssen aber auf jeden Fall mit zum Gen gerechnet werden, das wir uns als funktionierende Einheit in dem jetzt gar nicht mehr so einfachen Zellgeschehen denken, denn wie sich bald herausstellte, führen auch Mutationen in Intronsequenzen zu

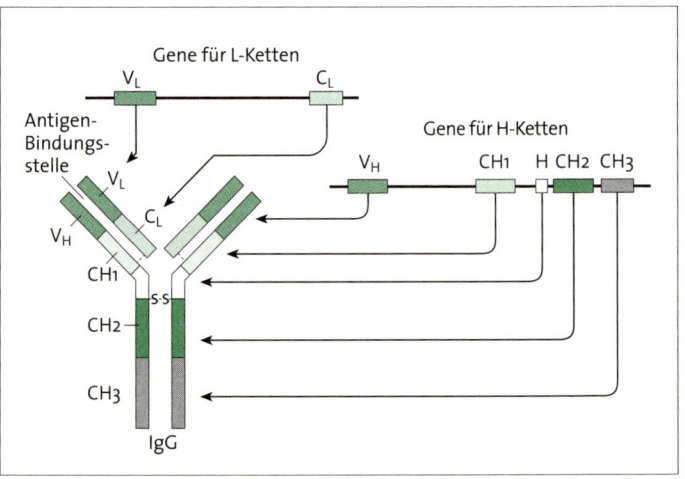

Abb. 14: Der Bau eines Antikörpers mit leichten und schweren Ketten und die genetische Herkunft seiner Teile

mangelhaft operierenden oder fehlenden Proteinen. Sie werden also nicht nur ausgeschnitten und weggeworfen.

Die Entdeckung der Mosaikstruktur von Genen lenkte die Aufmerksamkeit der Immunbiologen erneut auf die Frage, wie es die Zellen schaffen, mit ihrem genetischen Material der Vielfalt der Antigene zu begegnen, die aus Natur und Umwelt in einen Organismus eindringen können. Es war klar, dass es nicht für jedes der Antikörperproteine ein Gen geben konnte – dazu gab es zu wenig DNA –, aber nun bestand die Möglichkeit, dass aus einem Gen mehrere Proteine – genauer: mehrere Polypeptidketten – angefertigt werden konnten. Und genau dies konnte man bei den Antikörpern nachweisen. In einfachster Form lässt sich dieser Vorgang, der zum ersten Mal 1965 vorgeschlagen, aber erst zehn Jahre später überprüfbar und dann als korrekt nachgewiesen wurde, so ausdrücken, dass es getrennte Gene für die variablen (V) und die konstanten (C) Regionen der Antikörper gibt. Während die Information für die C-Regionen in einem Gen (Exon) steckt, finden sich für die V-Regionen viele tausend Genstücke, die im Verlauf der Entwicklung oder Reifung zusammengebracht und kombiniert werden.

In diesem Satz steckt die zusätzliche Erkenntnis, dass Genstücke wenigstens einigermaßen räumlich benachbart sein müssen, um ihre Information auf der Ebene der Proteine zusammenbringen zu können. Tatsächlich ließ sich bald zeigen, dass die Gene für die variablen und die konstanten Regionen in Zellen aus dem embryonalen Gewebe noch sehr weit voneinander entfernt sind. Sie kommen erst später im Verlauf der Entwicklung in einer Zelle nebeneinander zu liegen und können erst dann auch Antikörper produzieren. Bevor die beiden Genstücke durch eine geeignete Rekombination in eine funktionale Nachbarschaft gebracht werden – also im Zustand des Embryos –, können gar keine Abwehrproteine hergestellt werden (Abbildung 15), was man auch so ausdrücken kann, dass es vorher keine Gene für sie gibt.

Die eben geschilderte Beobachtung hat Konsequenzen für die Frage, inwieweit das genetische Material von Zellen eines Körpers identisch ist. Offenbar unterscheidet sich die Anlage der Genstücke – und damit die Qualität der DNA – in embryonalen Zellen von denen in erwachsenen Zellen, die zum Immunsystem gehören, und wer weiß denn, welche Umgruppierungen erfolgen müssen, um etwa Herzmuskelzellen oder gar die vielen Nervenzellen herzustellen, die das Gehirn ausmachen und funktionieren lassen. Der Nachweis von beweglichen und verschiebbaren Genstücken bei Antikörperketten zeigt aber vor allem, dass ein Embryo noch nicht über alle Gene verfügt. Anders ausgedrückt: Gene sind keine Einheiten, die fix und fertig mit der Geburt geliefert werden. Sie sind nicht notwendigerweise etwas wirklich Vorhandenes in einer Zelle, vielmehr sind sie etwas Mögliches, das im Verlauf des Lebens werden – und vielleicht auch vergehen – kann.

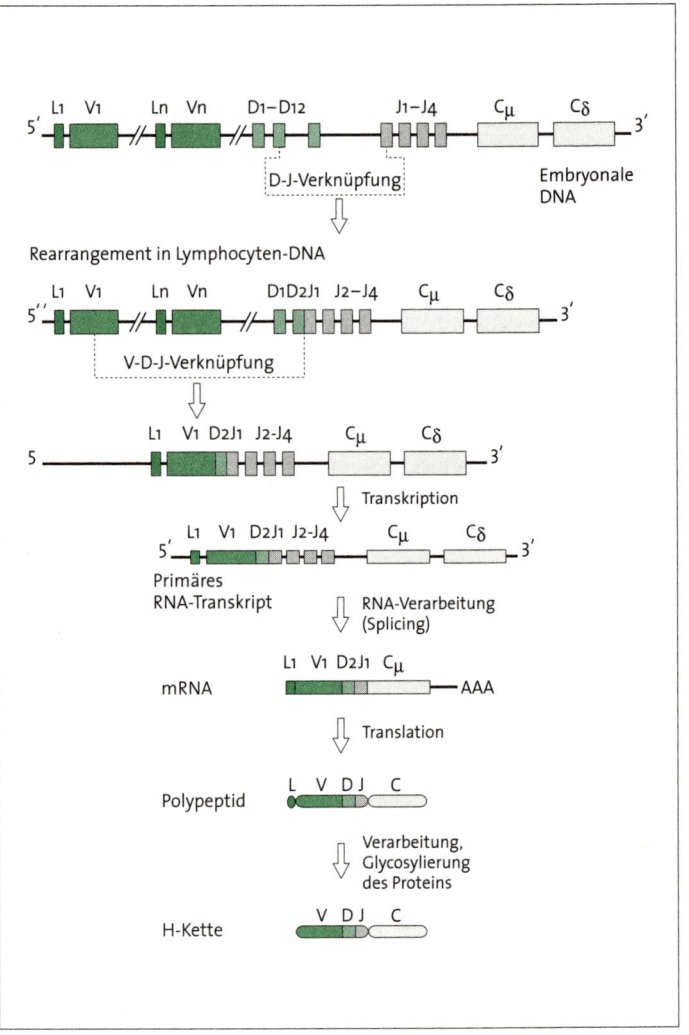

Abb. 15: Umgruppierung von Antikörpergenen während der Entwicklung von Embryonalzellen zu Zellen des Immunsystems

Die Beobachtungen von Umgruppierungen und Neuarrangements von Genstücken machte es bereits ab Mitte der sechziger Jahre immer schwieriger, das traditionelle Bild des Gens aufrechtzuerhalten. Die Vielzahl an leichten Ketten für einen Antikörper wird nicht nur dadurch möglich, dass C-Regionen und V-Regionen zusammengebracht werden, sie wird dadurch zusätzlich erhöht, dass vor jeder C-Region ein Haufen (*cluster*) von so genannten J-Regionen liegt, die nicht identisch sind. Das J steht dabei als Abkürzung für *joining*, was soviel wie »sich anschließen« heißt. Ein V-Gen (wenn dieser Ausdruck einmal erlaubt ist) kann sich über ein J-Gen an ein C-Gen anschließen (lassen), und es hat dabei eine große Auswahl (ziemlich schleierhaft bleibt, von wo aus und wie dies alles gesteuert und koordiniert werden kann).

J-Regionen der beschriebenen Art finden sich auch vor den Genen für die konstanten Abschnitte der schweren Ketten, für deren Herstellung aber noch ein weiteres Element benutzt wird, wie weitere Experimente zeigten. Es läuft unter der Bezeichnung D, was für *diversity*, also Vielfalt, steht. Das Vorhandensein mehrerer D-Elemente, von denen jedes in das funktionsfähige Gen für eine schwere Kette eingebaut werden kann, vergrößert die Zahl der möglichen Ketten mit unterschiedlicher Spezifität. Die mit ihrer Hilfe produzierbare Vielfalt macht biologisch Sinn, weshalb man dann nicht weiter überrascht war, als sich herausstellte, dass sowohl die von J-Elementen als auch die von D-Regionen kodierten Aminosäuren in dem jeweiligen Antikörper zu der Struktur der Stelle beitragen, mit deren Hilfe ein Antigen gebunden wird.

Neben dem jetzt gelösten Rätsel, wie mit so wenigen Genen so viele verschiedene Antikörper mit all den variablen Sequenzen hergestellt werden, stellte sich noch die Frage, wie eine Zelle zugleich zwei unterschiedlich schwere Ketten mit gleichen variablen Regionen herstellen kann. Die Antwort steckt in dem Vorgang, der Spleißen genannt worden ist und der auf alternative Weisen erfolgen kann, wie bald nachgewiesen werden konnte. Nachdem eine Immunzelle die V-Region, die J-Region und zwei verschiedene C-Regionen so zusammengestellt hat, dass sie hintereinander liegen, kann sie bei der Herstellung der mRNA für die schwere Kette das primär transkribierte RNA-Molekül unterschiedlich spleißen, und zwar wird entweder die eine oder die zweite C-Region entfernt. Durch den an diesem Beispiel entdeckten Vorgang des alternativen Spleißens können zwei verschiedene reife – in ein Protein überführbare – mRNA-Moleküle entstehen; die Zelle trifft dabei ihre Wahl sicher in Abhängigkeit von äußeren Signalen (aus dem Milieu des Körpers).

Inzwischen hat sich gezeigt, dass dieser Mechanismus zur Erzeugung von Vielfalt nicht auf das Immunsystem beschränkt bleibt, sondern im Leben der Zellen komplexer Organismen weit verbreitet ist. Dabei wandelt sich das alte, eher stabile Gen zu einer dynamischen Einheit. Aus dem ursprünglich festen Stück DNA ist ein dynamisches Mosaik geworden, das sich in immer neuen Kombinationen zeigt, wenn wir hinschauen. Die Frage, was ein Gen ist – im Sinne des unveränderlichen Vorhandenseins eines greifbaren Objektes in einer Zelle –, muss erneut von Grund auf bedacht werden, und dabei ist es nötig, wirklich alle Bewegungs- und Veränderungsmöglichkeiten einzubeziehen.

Die Beweglichkeit der Elemente

Die Entwicklung der Gentechnik – sprich: die Möglichkeit, DNA zu rekombinieren und zu klonieren – verwandelte die stabilen Gene der klassischen Vererbungsforschung, die von Perlen auf einer Kette sprach, in die beweglichen Elemente der modernen Genomforschung. Die Beweglichkeit hat dabei mindestens zwei Dimensionen. Da ist zum einen die natürliche Dynamik, die in der Entwicklung eines Organismus zum Tragen kommt und zuerst an den Genen für Antikörper entdeckt wurde. Sie gibt es im Embryo noch gar nicht, denn sie werden in den ausgewachsenen (erwachsenen) Zellen erst durch Umgruppierungen und Neuverknüpfungen von Genelementen geschaffen. Da ist zum anderen die von Menschenhand erzeugbare Dynamik, wobei diese Menschenhand mit den Werkzeugen der Gentechnik ausgestattet ist. Sie erlauben das Übertragen von Genen – verstanden als DNA-Moleküle von nicht zu geringer Länge – von einer Zelle in eine andere. Dabei wird das anvisierte DNA-Fragment erst aus seinem alten Verband gelöst (ausgeschnitten) und danach in einen neuen Kontext eingefügt. Schon in den siebziger Jahren konnten Gene aus höheren Organismen – etwa Gene, die über Wachstumsfaktoren oder Hormone (Insulin, Somastotatin) informierten – in Bakterien überführt werden, und 1980 klappte auch der umgekehrte Vorgang, indem ein Gen aus einem Bakterium in eine Pflanze eingeschleust wurde, die danach als transgener Organismus bezeichnet wurde. Wichtig in allen Fällen war, dass die übertragene genetische Information erstens ihre biologische Funktion erfüllte und zweitens an die nächste Generation weitergegeben – also vererbt – wurde. In den folgenden Jahren wurde es dank verbesserter Details in der biochemischen Handhabung der genetischen Moleküle und Zellen immer leichter, transgene Lebensformen – zumeist Mäuse – zu generieren, was nicht nur nützliche Anwendungen etwa bei der Suche nach Medikamenten nach sich zog, sondern auch eine neue Sicht auf das Gen ermöglichte. Hatten sich die Genetiker in den letzten Jahren auch nach und nach angewöhnt, von Mäusegenen oder von Pflanzengenen zu sprechen, so stellte sich nun mit den Erkenntnissen aus Versuchen mit transgenen Lebensformen heraus, dass Gene in ihrer Wirksamkeit nicht auf einen Organismus beschränkt bleiben, sondern eine Grundlage allen Lebens darstellen. Dies macht natürlich sofort Sinn, wenn man sich die Sichtweise der Evolution zu eigen macht, die eine weitere Dimension – die historische – anzeigt, in der die Gene ihre Beweglichkeit unter Beweis stellen müssen.

Was immer Gene in einem jetzt, hier und heute lebenden Organismus sind, müssen sie im Laufe der Evolution geworden sein. »Wir sind, was wir geworden sind«, wie die Zunft der Historiker betont, wenn sie versucht, die politische Gegenwart eines Landes oder einer Gesellschaft zu erklären. Und Gene sind ebenfalls, was sie geworden sind, wie die Biologen verstehen sollten, wenn sie versuchen, die aktuellen Lebensformen zu erklären. So diskret und klar umrissen Gene für einen Molekularbiologen sind, der wohl definierte DNA-Fragmente meint und mit ihnen arbeitet, so durchgängig und kontinuierlich ist die Evolution mit ihnen umgegangen. Und vielleicht versteht derjenige am besten, was ein Gen ist, der es als ein molekulares Werkzeug der Evolution betrachtet, das sich selbst in dem Vorgang verändert, den es zu bewirken hilft. Gene sind ganz sicher aus der Evolution hervorgegangen. Gene tragen aber ebenso sicher zur Evolution bei.

Einen systematischen Versuch zum Verständnis des Gens mit dem Rückgriff auf die Evolution hat vor kurzem der Historiker Peter J. Beurton mit dem erklärten Ziel unternommen, rein biochemische Festlegungen dieser Grundgröße des Lebens zu überwinden, um so zu einem einheitlichen Konzept zu gelangen. Beurton schlägt vor, ein Gen dadurch zu verstehen, dass man es als die Grundlage des kleinstmöglichen Unterschieds für die Anpassung von Organismen ansieht, mit dem die natürliche Selektion etwas anfangen kann. Dem Historiker geht es dabei ganz konkret um DNA-Abschnitte, deren Reproduktion einheitlich durch Adaptationen beeinflusst wird, und zwar so, dass dies in der natürlichen Selektion eine Rolle spielt. Die anvisierten DNA-Sequenzen müssen nicht an einem Platz zusammenhängen und können ohne festen Ort sein (*nonlocalized DNA variations*), sie müssen sich nur als Einheit für die Evolution bemerkbar machen.

Die eben vorgestellten – und keineswegs endgültigen – Überlegungen versuchen sowohl die evolutionäre (langsame) als auch die zelluläre (rasche) Beweglichkeit der DNA-Moleküle beziehungsweise der damit verbundenen Gene zu erfassen. Beide hängen sicher zusammen, wie sich unter anderem an der Tatsache ablesen lässt, dass sich besonders viele Mutationen von Genen an den Exon-Intron-Schnittstellen finden lassen. Dieser Trick gibt einer Zelle auf jeden Fall die Chance, neue Formen von Proteinen generieren zu können, ohne die alten Funktionen aufgeben zu müssen.

In der Literatur sind inzwischen eine Vielzahl von frei beweglichen DNA-Stücken bekannt, die als springende Gene geführt werden. Hingewiesen auf solche sich im Genom tummelnden Elemente hatte Barbara McClintock bereits in den fünfziger Jahren des 20. Jahrhunderts, als sie Kontrollelemente untersuchte, mit deren Hilfe Maispflanzen die Expression einiger ihrer Gene verhinderten. Diese Kontrollgene schienen keinen festen Platz auf den Chromosomen der Pflanze einzunehmen und vielmehr im Genom umherspringen zu können. McClintock ist es übrigens auf ungewöhnlichem Wege gelungen, diese Beweglichkeit zu erkunden. Sie hat sich nicht mit biochemischen Methoden befasst, sondern sich auf ihre Beobachtung der Genaktivitäten verlassen, bei denen eine Zelle gewinnen konnte, was eine andere verloren hatte, wie die Genetikerin bemerkte.

Ihre Einsichten fanden zunächst wenig Beachtung in einer eher männlich dominierten Wissenschaft, und es dauerte bis in die Jahre nach dem Aufkommen der Gentechnik, bis durch Analyse von konkreten DNA-Abschnitten nachgewiesen wurde, dass Gene in ihrem Genom einen Ortswechsel vollziehen und springen können. Für die beweglichen Elemente benötigte man eine Menge neuer Namen. Das ganze Stück wurde Insertionssequenz getauft, zu der ein so genanntes Transposon gehört, das von kurzen, gegenläufig wiederholten Basenfolgen flankiert wird, die allgemein mit den Buchstaben IR für *inverted repeats* abgekürzt werden. Bald stellte sich heraus, dass die Transposons nicht unbedingt nur springen, sondern oft auch verdoppelt und an anderer Stelle wieder eingebaut werden. Sie geben also ihren alten Platz nicht auf, sondern behalten ihn bei und nehmen zusätzlich einen neuen ein. Damit wurde eine Eigenschaft von genetischen Sequenzen entdeckt, die offenbar wesentlich zu der Ausgestaltung heutiger Genome beigetragen hat, nämlich die leichte Duplizierbarkeit. Immer wieder trifft man auf Genverdopplungen, was im Übrigen einer Zelle offenbar die Möglichkeit gibt, eine Kopie nicht aktiv zu verwenden und nur als Reserve zu halten und mit in die nächste Generation zu nehmen. Für solche DNA-Abschnitte hat sich inzwischen der Ausdruck Pseudogene eingebürgert, und sie finden sich in allen Formen des Lebens.

Dies gilt erst recht für die beweglichen Genelemente, für die sich auch die Bezeichnung der transponierbaren DNA eingebürgert hat. Sie gelten als Hauptmerkmal jedes Genoms, kommen in unterschiedlichen Formen und meist in zahlreichen Kopien vor.

Mit all diesen Entdeckungen verschwindet ein Grundgedanke aus der Genetik und ihrer Ansicht von den Genen, der am Anfang der Wissenschaft gestanden hat und den man mit dem Ausdruck »Stabilität« bezeichnen kann. Das so überzeugende Modell der Doppelhelix führt jedem Betrachter diesen Gedanken unmittelbar vor Augen. Es suggeriert eine Festigkeit, die als Ausgangsbasis der Dynamik des Lebens dient, ohne selbst daran teilzunehmen. Doch die Idee des stabilen Gens, das durch eine Mutation in eine andere stabile Konfiguration springen kann, analog zu den Quantensprüngen in den Atomen, löst sich nach und nach auf, und es sind vor allem grundlegende biochemische Analysen, die hier eine Rolle spielen. Der dabei untersuchte Vorgang heißt Reparatur, und dieser Ausdruck erfasst das Bemühen einer Zelle, seine DNA intakt zu halten beziehungsweise möglichst korrekt zu verdoppeln. Niemand kann erwarten, dass die zelluläre Maschinerie bei der Neuanfertigung des genetischen Materials völlig fehlerfrei operiert, und so war es keine Überraschung, dass es eine eigene Gruppe von Enzymen gab, die in den replizierten DNA-Molekülen nach Unebenheiten suchten und sie ausbügelten. Weiter konnte man sich leicht denken, dass die DNA (und ihre Gene) hin und wieder Schäden durch Umweltbedingungen erleiden würde – etwa durch UV-Licht oder Röntgenstrahlen – und dass auch sie repariert werden müssen. Bei all den entsprechenden Untersuchungen galt aber als ausgemacht, dass Gene grundsätzlich stabil sind und ihre Festigkeit als Ausgangsbasis aller biochemischen Dynamik dient.

Genau dies denkt man inzwischen immer weniger. Die Stabilität des genetischen Materials ist weniger der Anfang des zellulären Treibens und mehr sein Ende im Sinne eines Zielpunktes. Es gibt offenbar sogar Gene, deren Aufgabe es ist, für die genetische Instabilität zu sorgen. Fallen sie durch Mutationen aus, nimmt die Zahl der Variationen im übrigen Genom zu. Man hat diese »reflexiven« Elemente etwas missverständlich als »Mutatorgene« bezeichnet, so als ob sie aktiv Mutationen bewirkten. Dabei steigt deren Rate nur, wenn die sie sonst schützenden DNA-Elemente ausfallen.

Nicht nur nebenbei entsteht mit diesen Einsichten der Eindruck, als ob das, was früher als Reparaturmechanismus angesehen wurde, weniger Schaden abwendet und mehr Nutzen bringt. Es geht nicht um Reparieren, sondern um Regulieren, und zwar um die Gewährleistung der inhärenten Dynamik des Stoffes, aus dem die Gene bestehen. Gene sind vielleicht weniger für ihre Überlebens- und mehr für ihre Entwicklungsfähigkeit ausgewählt worden. Gene haben eine materielle Basis, die DNA, aber sie erschöpfen sich weder darin noch in der chromosomalen Verpackung. Wahrscheinlich kann nicht mehr gesagt werden, als dass Gene ein Teil des Lebens sind. Sie gehen aus ihm hervor, so wie es aus ihnen hervorgeht, und zwar immer wieder neu.

Immerhin hat sich ein Vertreter der Zunft, der Franzose Michel Morange, dazu durchgerungen, im Jahre 2000 ein Buch mit dem Titel *Das mißverstandene Gen* (*The misunderstood Gene*) zu schreiben. Morange konzentriert sich darin auf die Rolle, die Gene in der

Entwicklung von Organismen spielen. In der Fachliteratur wurde dafür nach dem englischen Wort *development* für Entwicklung der Ausdruck *developmental gene* eingeführt, den man dann am besten mit Entwicklungsgen übersetzt. Dabei wird – wie schon früher – versucht, die beiden Bewegungen der Stammesgeschichte (Evolution) und der Individualentwicklung (*development*) zusammenzubringen und unter einem Dach zu betrachten. Dabei ist eine Denkrichtung entstanden, die sich mit dem Signet Evo-Devo bezeichnet, worunter eine evolutionäre Entwicklungsbiologie verstanden wird (*evolutionary developmental biology*).

Die Gene, die an dem individuellen Heranbilden eines Lebewesens beteiligt sind, kodieren natürlich auch »nur« für Proteine in dem erweiterten Sinne, allerdings sind dies nicht die Proteine, die ein klassisches Gen in die Welt, sprich: in die Zelle setzt, wo sie anschließend ihren Weg gehen und zum Beispiel den Stoffwechsel einer Zelle befördern. Entwicklungsgene sorgen für Proteine, die zur DNA zurückkommen und hier vor allem mit der Aktivierung – allgemeiner: mit der Regulierung – weiterer Gene beschäftigt sind. Man redet von Mastergenen, Schaltergenen, Kontrollgenen und führt andere Begriffsbildungen ein, wobei sich hier eine gedankliche Verbindung zu dem Gen herstellen lässt, das in Bakterien das Repressor-Protein herstellt, mit dessen Hilfe das Lac-Operon kontrolliert wird.

Die Analogie zum Lac-Operon mit seinem Gentrio geht sogar noch einen Schritt weiter. Die Entwicklungsgene liegen nämlich nicht isoliert vor, sie bilden vielmehr einen Verbund. Und unter diesem Blickwinkel erwartet man schon fast, was den Entdeckern dieser Zusammenhänge höchst überraschend vorgekommen ist, die Tatsache nämlich, dass die strukturelle Organisation dieses Genkomplexes evolutionär gesehen sehr stabil ist (Abbildung 16). Von der Fliege bis zum Menschen ist die Position eines Gens innerhalb dieses Genverbundes fixiert. In Fachkreisen werden die Gene mit dem Ausdruck »homeotisch« bedacht und das in ihnen auffindbare Strukturmerk-

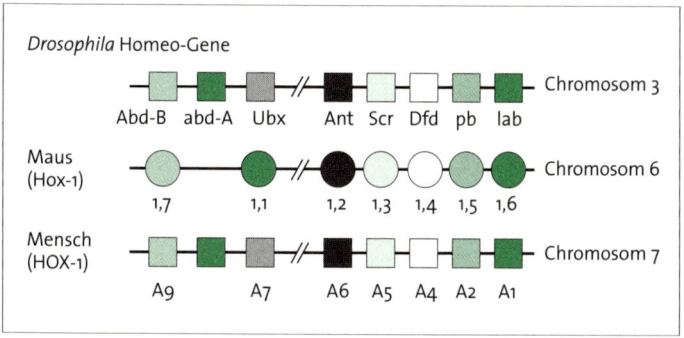

Abb. 16: Homeo-Gene bei Fliege, Maus und Mensch

S. 111 mal als **Homeo-Box** bezeichnet. Es ist in dem dazugehörigen Protein als Homeodomäne nachzuweisen (Abbildung 17). Der Ausdruck ist im Anschluss an einen Vorschlag des gebildeten Namengebers der Genetik, William Bateson, entstanden, der viele Jahrzehnte vor dem Aufkommen der Molekularbiologie bei Insekten und Krebstieren spontane Umwandlungen beobachtet hat, bei denen Hinterbeine zu Flügeln, Augen zu Antennen und Antennen zu Beinen wurden. Bateson sprach von der »Veränderung einer Struktur zur Ähnlichkeit mit einer anderen Struktur« und schlug dafür als Fachausdruck das griechische *homeosis* vor, das auf die Ähnlichkeit hinweist. Als dann bei den Fruchtfliegen Exemplare auftauchten, bei denen aus dem Kopf keine Antennen, sondern Beine herausragten, führte man diese Variation auf besonders raffiniert agierende Gene zurück, die den Beinamen homeotisch bekamen. Einige von ihnen konnten bald lokalisiert, isoliert und analysiert werden, und das Ergebnis zeigte eine Exon-Intron-Struktur mit einer charakteristischen Beigabe, der Homeo-Box.

Das Wunderbare an der Organisation homeotischer Gene besteht darin, dass der Ort des Gens mit der Menge und der Zeit korreliert ist, mit und zu der das Genprodukt im Laufe der Embryonalentwick-

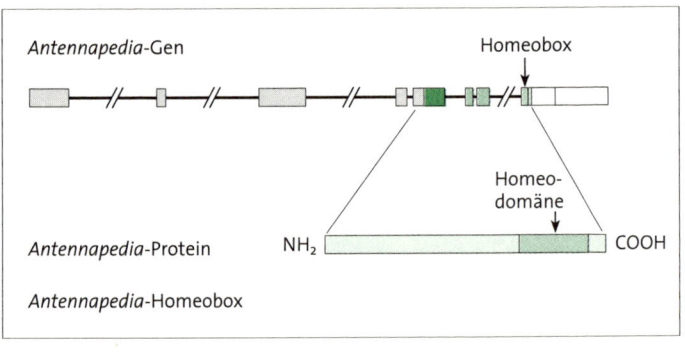

Abb. 17: Die Homeo-Box am Beispiel des Antennapedia-Gens, das, wie der Name ausdrückt, mit dem Wechsel von den Antennen zu den Beinen zu tun hat

lung seinen Dienst tun muss. Die hier versammelten Gene funktionieren nicht einzeln, sondern nur als größere Einheit, wie sie bereits als Operon in den Bakterien gefunden worden ist. Und dies erlaubt die Frage, ob es also gar nicht auf ein Gen, sondern nur auf seine Integration in eine größere Einheit ankommt.

Wahrscheinlich trifft beides zu, und vor allem muss verstanden werden, wie Gene die Doppelrolle ausfüllen, auf die mehrfach hingewiesen worden ist. Gene machen immer dasselbe (nämlich erst Proteine und mit ihrer Hilfe Organismen), und sie machen es immer anders (nämlich individuell verschieden). Gene treten allein in Erscheinung, und sie fügen sich in eine Organisation ein.

Die Menge an Informationen, die im Rahmen der modernen Genetik geliefert werden, übersteigt schon lange das Fassungsvermögen eines einzelnen Menschen. In der Tat: »Heute kennt kein Molekularbiologe mehr alle wichtigen Fakten über das Gen.« So heißt der erste Satz des Vorwortes, das James Watson, der Mitentdecker der Doppelhelix, für die vierte Auflage seines Lehrbuchs *Molecular Biology of the Gene* geschrieben hat, die bereits 1987 erschienen ist. Watson hat das von ihm charakterisierte Dilemma gelöst, indem er sich der Mithilfe einer ausreichenden Zahl von Koautoren bedient hat. Die Frage an dieser Stelle lautet für uns, ob wir in der Überfülle der Entdeckungen einen Grundzug des Gens ausmachen können, der unabhängig von den von der jeweils aktuellen Forschung immer neu ermittelten Tatbeständen gültig bleibt und Auskunft über das Leben gibt, das man verstehen will.

Unbedingt nötig ist in diesem Fall der Hinweis, dass »Gen« auf keinen Fall ein höchst präzise definierter Begriff ist, sondern dass unser Zauberwort seine wissenschaftliche Karriere eher dem Umstand verdankt, unscharf zu bleiben und vielfältig eingesetzt werden zu können. Viele Wissenschaften wollen und sollen Zugriff auf das Gen haben, das dabei nur als flexibles Konzept überleben kann. Wenn Molekularbiologen von Genen reden, meinen sie etwas anderes, als wenn Evolutionsforscher den Ausdruck benutzen. Im ersten Fall sind vornehmlich DNA-Stücke und deren Zusammensetzung gemeint, und im zweiten Fall hat man vor allem Zellstrukturen im Visier, die lange genug verbunden bleiben, um als Basis des großen Mechanismus zu dienen, der das Leben hervorgebracht hat und weiter entwickelt.

VERTIEFUNGEN

GREGOR MENDEL

Gregor Mendel (1822–1884) gehört zu den seltenen Exemplaren der Menschheit, deren Namen in Tätigkeitswörter umgewandelt worden sind. Tatsächlich definiert der Duden: »Mendeln« heißt, »nach den Vererbungsregeln Mendels in Erscheinung treten«, und wenn bei der Weitergabe durch die Generationen eine vererbbare Eigenschaft verloren geht, sagt man, sie sei »ausgemendelt« worden. Im angelsächsischen Raum heißen die Erbkrankheiten *Mendelian diseases*, und so scheinen sich alle einig: Mendel hat die wissenschaftliche Erkundung der Vererbung begründet und erste Regeln für sie aufgestellt. Doch stimmt das?

Richtig ist, dass Mendel um 1865 in einem Klostergarten in Brünn mit Erbsen gearbeitet und verschiedene Kreuzungen an ihnen vorgenommen hat. Nicht richtig ist, dass er mit diesen »Versuchen über Pflanzen-Hybriden« Gesetze der Vererbung aufstellen will. Das Wort »vererben« kommt bei ihm nur am Rande vor, und zwar negativ: Das »Verschwinden der grünen Färbung vererbt sich nicht auf die Nachkommen«, so stellte Mendel nach einem Blick auf die Erbsen fest, mit denen er experimentiert hatte.

Trotzdem – die Regeln der Vererbung sind nach Mendel benannt, und sie lassen sich auch mit den Merkmalen nachvollziehen, die er untersucht hat – zum Beispiel Form und Farbe der Samen. Mendel kreuzte Erbsen mit gelben und grünen respektive runden und runzligen Samen und verfolgte diese Merkmale über mehrere Generationen. Dabei entdeckte er zum Einen, dass sich alle Mischungen einstellen können – es gibt runde gelbe, runde grüne, runzlige gelbe und runzlige grüne Samen. Er entdeckt zum Zweiten, dass sich Eigenschaften, die einmal zusammen gekommen sind, auch wieder trennen können. Und während er die Ergebnisse der Kreuzungen zählt, bemerkt er, dass die Farben und Formen nicht gleichberechtigt sind. Einer dominanten Qualität steht eine rezessive gegenüber: Gelb zeigt sich häufiger als grün, und rund setzt sich eher durch als runzlig. Die genetischen Gesetze sind damit gefunden.

So steht es in den Lehrbüchern. Doch die Frage, was Mendel mit seinen Versuchen eigentlich im Sinn hatte, bleibt bis heute unklar. Auf einfache Weise beantwortet sie ein Artikel, der am 9. Februar 1865 im Brünner Tagblatt erscheint und von der Versammlung des Naturforschenden Vereins am Tag zuvor berichtet. Mendel hat bei dieser Gelegenheit einen Vortrag gehalten, und in der Zeitung steht, was er besonders betonte, nämlich seine Beobachtung, dass die durch künstliche Befruchtung hervorgebrachten »Pflanzenhybriden stets geneigt waren, zur Stammart zurückzukehren.« Mit anderen Worten, Mendel meint, dass Pflanzen sich bei allen Variationen selber treu bleiben und nicht entwickeln.

Mendels Arbeit ist leider unverständlich, und der Verdacht bleibt, dass er die Möglichkeit der Evolution anzweifeln wollte. Doch selbst wenn Mendel diese Absicht gehabt hätte – alle Biologen, die sich heute auf ihn berufen (ohne ihn im Original gelesen zu haben), verstehen ihn anders. Sie bewundern an seinen Experimenten, dass sie die im Inneren der Pflanzen verborgenen Mechanismen zugänglich machen, die zur Weitergabe von Merkmalen – also zu ihrer Vererbung – führen.

Der Grund, der uns dazu bringt, Mendel als Vater der Genetik zu feiern, steckt vermutlich darin, dass der Augustinermönch keine Ausbildung in Biologie, sondern in Physik erhalten hat. Der Abt des Klosters, in das Mendel 1843 als Novize eingetreten war, hatte ihn dazu ausersehen, Physiklehrer zu werden, und so schickte man ihn auf die Universität nach Wien. Hier lernt er zum Einen die Vorstellung vom atomaren Aufbau der (toten) Materie kennen, und er lernt zum Zweiten, wissenschaftlich zu experimentieren, was heißt, bei Versuchen darauf zu achten, nicht mehrere Parameter auf einmal zu ändern. Offenbar hat Mendel unter Prüfungsangst gelitten, denn er fällt in der Lehrerprüfung gleich zweimal durch. Das Kloster gibt ihm daraufhin die Möglichkeit, seiner zweiten Leidenschaft neben der Wissenschaft zu frönen, der Gärtnerei. Und hier im Klostergarten fängt Mendel an, über Jahre hinweg von durchreisenden Händlern Pflanzensorten zu erwerben, bis er die reinen Sorten zusammen hat, die sich in genau einer Eigenschaft unterscheiden, wie es ihm als Physiker vorschwebte. Sie beginnt er zu kreuzen.

Was nun bei Mendels langjährigen botanischen Versuchen herausgekommen ist, lässt sich ganz einfach ausdrücken, wenn nicht von den Gesetzen der Vererbung geredet werden muss, die zwar ihren würdigen Auftritt im Biologieunterricht haben, die aber bei Mendel selbst nicht zu finden sind. Seine bedeutende Leistung besteht vor allem darin, den physikalischen Gedanken vom atomaren Aufbau der Materie in das Leben übertragen und die Hypothese aufgestellt zu haben, dass es im Inneren der Pflanzen konkrete »Elemente« gibt, die in »lebendiger Wechselwirkung« die Qualitäten hervorbringen, die wir außen wahrnehmen können. Mendels Versuche weisen zudem den Weg, wie man diese Erbelemente zählen kann. Modern ausgedrückt: Mendel hat entdeckt, dass Vererbung an partikuläre Strukturen und nicht an Flüssigkeiten – wie das Blut – gebunden ist.

Mendel hat also die Atome der Vererbung entdeckt, die wir heute Gene nennen. Aber er hat auch verstanden, was sich aus der Wissenschaft heraus nicht sagen lässt, nämlich welche Gene für welche Merkmale zuständig sind. Es lässt sich nur sagen, so Mendel, dass »die unterscheidenden Merkmale zweier Pflanzen zuletzt ... auf Differenzen in der Beschaffenheit der Elemente beruhen«. Das galt damals, und das gilt heute: Es gibt keine Gene, die Menschen festlegen; es gibt Unterschiede zwischen Genen, die Unterschiede zwischen Menschen festlegen.

ERBGESETZE

Die meist als Mendel'sche Erbgesetze bezeichneten Regelmäßigkeiten statistischer Art, die bei der Weitergabe von messbaren Qualitäten von einer Generation an die nächste beobachtet werden können, lassen sich in knappster Form wie folgt zusammenfassen:

Bei sexuell sich vermehrenden Organismen (wie den Erbsen, die Mendel untersuchte) werden viele Merkmale von zwei getrennten Faktoren – Genen beziehungsweise Allelen – gesteuert. Einer der Faktoren kann sich gegen den anderen durchsetzen und wahrnehmbare Wirkungen zeigen. Man spricht seit Mendel von dominanten und rezessiven Genen. Einer der Faktoren stammt von der Mutter, der zweite vom Vater. Die Merkmale werden nicht als Ganzes vererbt, sondern einzeln und in getrennten Erbeinheiten (Genen). Die Feststellung, dass die Gene sich unabhängig voneinander trennen können, wird manchmal als das erste Mendel'sche Gesetz bezeichnet. Der Tatbestand, dass Gene (Erbfaktoren) keine Tendenz zeigen zusammenzubleiben und sich als frei kombinierbar erweisen, wird oft als zweites Mendel'sches Gesetz bezeichnet.

Die Erbgesetze werden normalerweise durch die Häufigkeiten ausgedrückt, mit der dominante oder rezessive Gene ihr Vorhandensein in einer nachfolgenden Generation anzeigen. Diese Quantitäten spielen keine Rolle, wenn es nur – wie in diesem Buch – um die Idee des Gens geht; und sie manifestiert sich darin, dass aus Kreuzungsexperimenten auf die Existenz von partikulären Erbelementen – den späteren Genen – geschlossen werden konnte. Als sich etwa in den gleichen Jahrzehnten um die Wende zum 20. Jahrhundert herausstellte, dass es farbige Körperchen – »Chromosomen« – in den Zellen gab, die in zweifacher Ausfertigung vorliegen und sich vor einer Zellteilung verdoppeln, hatte man einen ersten Blick auf die Träger der Gene. Bald gab es eine Chromosomentheorie der Vererbung, und sie öffnete das Tor für die genauere Erkundung der Gensubstanz.

FRANCIS CRICK

Im Zentrum der Genetik steht seit bald fünfzig Jahren die Doppelhelix, und ihre beiden Stränge werden von den Molekularbiologen gerne »Watson« und »Crick« genannt. Tatsächlich bilden die beiden genannten Forscher im Bewusstsein vieler Wissenschaftler ein unzertrennliches Paar, aber die Wirklichkeit sieht anders aus. Selten haben zwei derart unterschiedliche Menschen kooperiert, und selten haben zwei Karrieren sich nach der kurzen Zeit der Zusammenarbeit derart verschieden entwickelt. Während der jüngere Watson sich schnell aus der Forschung verabschiedet, um fortan als Lehrer, Autor und Organisator tätig zu werden, bleibt der ältere Crick (*1916) seiner wissenschaftlichen Arbeit treu, und er prägt wie kein Zweiter das intellektuelle Klima der mächtig an Schwung gewinnenden Genetik. Souverän dominiert Crick die Molekularbiologie in den dreizehn Jahren, die zwischen der Darstellung der DNA-Struktur (1953) und der Aufklärung des genetischen Codes (1966) liegen. In dieser Zeit formuliert er auch das berühmte Dogma der Molekularbiologie, das den Genen beziehungsweise der DNA genau eine Aufgabe zuweist, nämlich die Anleitung für den Bau von anderen Molekülen der Zelle zu liefern. Gemeint sind die so genannten Proteine, die für die Reaktionen sorgen, ohne die kein Leben möglich ist. Wie gelingt es einer Zelle, mit Hilfe von Genen die Proteine zu machen, die sie braucht? Das will Crick wissen, und das wird er herausfinden.

Erst kümmert er sich um den Code. Von dieser Idee hat der ursprünglich als Physiker ausgebildete Crick in Schrödingers *Was ist Leben?* gelesen, und die Suche nach dem Code fesselt seine Aufmerksamkeit unmittelbar nach der Entdeckung der DNA-Struktur. Ein Aspekt der Doppelhelix besteht darin, dass sie wie eine Kette aufgebaut ist und ihre Glieder (Bausteine) wie Perlen aufgereiht sind. Als Crick und Watson auf diese Lösung stießen, machte ebenfalls im britischen Cambridge der Biochemiker Frederick Sanger eine wunderbare Entdeckung. Sanger stellte fest, dass die Proteine einer Zelle genauso gebaut sind wie Gene – nämlich kettenförmig. Für Crick steht damit nicht nur endgültig fest, dass es einen Code geben muss, also eine Vorschrift, nach der die Reihenfolge der DNA-Bausteine in die Reihenfolge der Proteinbausteine übertragen wird. Für ihn steht auch fest, dass dieser Code zu entschlüsseln ist, und er macht sich an die Arbeit.

Das erste Problem ist dabei offensichtlich: Da es in der DNA vier und in den Proteinen zwanzig Bausteine gibt, kommt weder eine Eins-zu-eins- noch eine Zwei-zu-eins-Übertragung in Frage – da gäbe es vier oder höchstens 16 Möglichkeiten. Also stellt Crick die Hypothese auf, dass es drei Bausteine der DNA sind, die einen Baustein der Proteine festlegen. Der Nachweis für diesen Triplett-Code, wie er heute heißt, gelingt Crick mit einer Methode, die genau einen Baustein aus der DNA entfernen kann. Er sagt voraus, dass bei ihrer ein- oder zweimaligen Anwendung die Herstellung des Proteins abbricht, während sie nach dem dritten Mal wieder beginnt. Genau dies wird beobachtet, und nun setzt das Rennen unter den Biochemikern ein, um die Details zu erkunden, was bis 1966 gelingt. Crick beteiligt sich daran nicht direkt. Er unternimmt überhaupt nicht mehr viel Experimente nach dem oben beschriebenen Erfolg und beschließt statt dessen, sich verstärkt einer Theorie der Molekularbiologie zuzuwenden. Seine berühmteste Idee nennt er das zentrale Dogma der Molekularbiologie. Es besagt vor allem, dass die Information, die von der DNA ausgeht und über eine oder mehrere Zwischenstufen zuletzt in ein Protein gelangt, nicht mehr aus diesem Molekül heraus kann, sobald sie dort angekommen ist. Unter Information versteht Crick dabei die präzise Reihenfolge (Sequenz) der Bausteine in der DNA, die vorgibt, in welcher Reihenfolge die Bausteine in den Proteinen anzulegen sind. Mit Cricks Arbeiten (und der vieler Kollegen) geht in den sechziger Jahren das Zeitalter der Klassischen Molekulargenetik zu Ende.

JAMES DEWEY WATSON

Der 1928 in Chicago geborene James D. Watson hat als 18jähriger Erwin Schrödingers *Was ist Leben?* gelesen und träumt seitdem davon, diese Frage zu beantworten. Für ihn ist die Sache nach der Lektüre sonnenklar: Leben – das ist das Wechselspiel der Gene. Gene bestehen aus DNA, also lohnt es sich zu wissen, wie DNA aussieht und funktioniert. Wie findet man das heraus? Ganz einfach. Man schließt sich einer Forschergruppe an, die über Methoden verfügt, die Struktur von Molekülen zu bestimmen, und wendet deren Verfahren auf die DNA an. Gesagt – getan. Watson schaut sich um und findet, was er sucht, im britischen Cambridge. Hier bemühen sich unter anderem Rosalind Franklin und Francis Crick um die Struktur der DNA, die zuerst in eine Kristallform gebracht und dann mit Hilfe von Röntgenstrahlen untersucht wird.

Auf den ersten Blick hat Watson nur eine minimale Chance, doch er nutzt sie, weil er sieht, woran es bei der Konkurrenz hapert, nämlich an der Bereitschaft, über den disziplinären Zaun zu schauen und an die Biologie der DNA zu denken. Frau Franklin konzentriert sich allein auf die Qualität der Kristalle und verliert dabei die Grundfähigkeit der DNA aus den Augen, sich verdoppeln zu können. Die DNA muss aus zwei Teilen bestehen, die sich ergänzen. Das sagt auch Crick. Doch wie sind ihre Bausteine angebracht? Um diese Frage zu klären, entschließt sich Watson, es ganz einfach zu versuchen – nämlich mit Modellen aus Karton. Er schiebt unermüdlich Pappstücke auf seinem Schreibtisch umher und probiert es solange, bis er erkennt, dass sich die vier Bausteine Adenin, Guanin, Cytosin und Thymin als zwei Paare gleicher Größe anordnen lassen, als AT und GC. In dem Augenblick ist die Doppelhelix geboren, die längst zur Ikone unseres Zeitalters geworden ist. Watson publiziert dieses Ergebnis zusammen mit Crick, und die beiden schließen ihre Beschreibung der DNA-Struktur mit einem inzwischen legendären Satz, mit dem das berühmte britische *understatement* auch in die Wissenschaft einzieht: »Es ist unserer Aufmerksamkeit nicht entgangen, daß die vorgeschlagene spezifische Paarung unmittelbar einen möglichen Mechanismus für die Verdopplung des genetischen Materials nahelegt.« Watson ist 25 Jahre alt, als er gemeinsam mit Crick die Doppelhelix entdeckt, und er ahnt, dass sich solch ein wissenschaftlicher Erfolg nicht wiederholen lässt. Er lenkt seine Arbeitskraft deshalb in neue Richtungen und revolutioniert in den kommenden Jahrzehnten die Molekularbiologie auf zwei anderen Ebenen, der des Lehrers und der des Organisators. Watson schreibt als Professor in Harvard das erste Lehrbuch über *Die Molekularbiologie des Gens* (ursprünglich plante er einen anderen Titel, nämlich *Das ist Leben!*). Und er beginnt, die Molekularbiologie im großen Stil zu organisieren und ihr Einzugsgebiet zu vergrößern. Er wird Direktor des Cold Spring Harbor Laboratoriums auf Long Island, stellt einige der besten Forscher der Welt ein und beauftragt sie, die Molekularbiologie des Menschen und seiner Evolution zu entwerfen. Sie sind dabei auf dem besten Wege.

DNA

Der Stoff, aus dem die Gene sind, wurde zum ersten Mal von dem in Basel geborenen Biochemiker Friedrich Miescher bearbeitet. Er forschte in einem Laboratorium der Universität Tübingen, als er sich Gedanken »Über die chemische Zusammensetzung der Eiterzellen« machte, wie der Titel seiner Arbeit lautete, die 1871 in der Zeitschrift *Hoppe-Seylers Medizinisch-Chemische Untersuchungen* erschienen ist. Eigentlich wollte Miescher wie alle seine Kollegen Proteine untersuchen, als ihm auffiel, dass es neben diesen höchst bedeutsamen Substanzen noch einen bislang unbekannten Zellbestandteil gibt, der sich vor allem in den Kernen befindet. Er wurde neugierig, präparierte die gewünschten Objekte aus Eiterzellen – wissenschaftliches Tun ist manchmal nicht sehr angenehm, und man kann sich seinen

Untersuchungsgegenstand nicht immer aussuchen – und stellte zum ersten Mal im Jahre 1869 fest, dass es sich um Säuren handelt. Miescher hatte damit die Nukleinsäuren entdeckt, wie man mit dem lateinischen Wort für Zellkern nucleus sagte. Im nächsten Schritt erkannten Biochemiker, allen voran der Heidelberger Albrecht Kossel, dass diese Säuren – anders als etwa die Salzsäure – in eigenständige Einheiten zerlegbar sind. Zum Zweck des Zerlegens musste man die aus Zellen extrahierten Nukleinsäuren erst tagelang kochen und dann zahlreichen chemischen Behandlungen unterwerfen. Am Ende konnte man vier Bausteine identifizieren, die als Stoffklasse Nukleotide heißen und wiederum aus kleineren chemischen Gruppen bestehen. Eines dieser Moleküle ist ein Zucker, und die erste Analyse ließ zwei Sorten erkennen, von denen eine bekannt und eine unbekannt war. Der bekannte Zucker hatte natürlich einen Namen – und zwar Ribose –, und der unbekannte musste eine eigene Untersuchung über sich ergehen lassen. Er sah nicht sehr viel anders als die Ribose aus; genauer gesagt fehlte dem Zucker ein Sauerstoffatom, um Ribose zu sein, weshalb er den Namen Desoxyribose bekam. Mit ihm gab es die Desoxyribonukleinsäure (DNA).

Historisch befinden wir uns in den dreißiger Jahren des 20. Jahrhunderts, und noch lag die biologische Bedeutung der beiden Substanzen im Dunkeln. Heller wurde nur der Blick auf die Komposition der DNA, die als Tetranukleotid gehandelt wurde, weil sie aus vier Nukleotiden bestand, die sich ihrerseits aus einem Zucker, einer Phosphatgruppe und einer von vier Basen zusammensetzten. In der Geschichte der Wissenschaft fing man nach und nach an, sich Gedanken über die Struktur der DNA zu machen (immer noch ohne Kenntnis ihrer biologischen Rolle). Zahlreiche Modelle wurden zum Beispiel von dem Amerikaner Phoebus Levene vorgeschlagen, die alle davon ausgingen, dass die Nukleotide kettenartig zusammenhängen und lange, fadenartige Moleküle bildeten. Während des Zweiten Weltkriegs wurde erkannt, dass DNA die infektiösen Eigenschaften von Bakterien verändern kann, und zwar so, dass sie vererbt werden. DNA musste also zur Erbsubstanz gehören, was die Aufmerksamkeit für dieses bis dahin eher stiefmütterlich behandelte Molekül drastisch erhöhte. Neben den Chemikern kümmerten sich auch Kristallographen um seine Konfiguration, und es waren vor allem die Röntgenaufnahmen, die Rosalind Franklin von DNA-Kristallen machen konnte, die den Weg zu der berühmten Doppelhelix öffneten. Dazu trug auch die chemische Entdeckung bei, die Erwin Chargaff zu verdanken ist und seinen Namen trägt. Die von ihm gefundenen Chargaff-Regeln besagen, dass in der DNA das Verhältnis der Basen Adenin und Thymin gleich dem Verhältnis der Basen Guanin und Cytosin ist, und der Zahlenwert ist in beiden Fällen Eins. Mit anderen Worten, in der Erbsubstanz DNA gibt es genau so viel A wie T und genau so viel G wie C. Dies wusste Anfang 1953 jeder, der es wissen wollte. Leider führt von diesem Messergebnis kein direkter Weg zur Doppelhelix. Um diese herrliche Struktur zu finden, brauchte es mehr als die Kenntnis der Chargaff-Regeln, die sich dann sofort aus dem DNA-Modell ableiten. Was dieses Mehr ist, kann hier offen bleiben.

RNA

RNA ist die Abkürzung für Ribonukleinsäure. Der im Namen angesprochene Unterschied zur DNA besteht in dem Zuckermolekül, das sich in den Bausteinen (Ribonukleotiden) findet und das Ribose heißt. Das Hauptaugenmerk der Biologen hat jahrzehntelang den Proteinen und der DNA gegolten. Dabei konnte man immer annehmen, dass die RNA nur als eine Art Zwischenglied fungiert und leicht zu erfassen ist. Tatsächlich hat sich nach und nach gezeigt, dass die RNA äußerst vielseitig ist und komplex agiert. Als Boten-RNA (mRNA) enthält sie die Information zum Bau eines Proteinanteils (einer Polypeptidkette), als Transfer-RNA (tRNA) sorgt sie für den korrekten Einbau der Aminosäuren in ein Protein nach Maßgabe des genetischen Codes, und als ribosomale RNA (rRNA) – als Baustein der Zellorganellen namens Ribosomen – hilft sie den Ort zu bereiten, an dem sich die Synthese eines Proteins vollzieht.

Waren diese drei in den sechziger Jahren erfassten Möglichkeiten schon eindrucksvoll genug, so hat sich in letzter Zeit gezeigt, dass das RNA-Spektrum noch viel bunter ist, als man gedacht hat. In den achtziger Jahren ist zum Beispiel entdeckt worden, dass RNA-Moleküle auch chemische Reaktionen katalysieren können und also wie Enzyme agieren. Man spricht von Ribozymen und glaubt, mit diesen Molekülen die Frage nach dem Ursprung des Lebens beantworten zu können. Doch diese Entdeckung, für die Thomas Cech und Sidney Altmann 1989 mit Nobelwürden ausgestattet wurden, war nur der Anfang für weitere Überraschungen auf dem Terrain der RNA. Heute kennt man neben den genannten Varianten noch die so genannte mikroRNA und die Interferenz-RNA. In den Fachblättern der Genetik wird schon von einem ganz neuen Forschungsgebiet geredet, das RNAi genannt wird, womit eben alle Zellphänomene gemeint sind, bei denen sich die neuen RNA-Moleküle einschalten (mit denen sie interferieren). Der Ausdruck Interferenz bezieht sich auf die Herstellung von Proteinen, denen die genannten RNA-Moleküle ins Gehege kommen. Sie lagern sich an andere RNA-Moleküle an und geben sie auf diese Weise für den Abbau frei. Der einfache biologische Sinn dieses Eingreifens scheint der Schutz vor Viren oder anderen Erregern zu sein, deren Erbmaterial aus RNA besteht. Darüber hinaus ist aber kürzlich bekannt geworden, dass zumindest einige menschliche Chromosomen zehnmal mehr von diesen kleinen Ribonukleinsäuren ablesen, als die Zahl der Gene vermuten lässt. Es könnten also vielleicht diese eher kurzen und nicht kodierenden RNA-Sequenzen sein, die zur Komplexität eines Lebens beitragen. Die oben erwähnte mikroRNA wird nicht direkt von Genen abgelesen, sondern aus bereits vorhandenen RNA-Molekülen mittels biochemischer Verfahren ausgeschnitten, um anschließend laufende Proteinsynthesen anzuhalten. Vielleicht – so wird spekuliert – kann eine Zelle auf diese Weise schneller auf einen Wechsel im Milieu reagieren. Auf jeden Fall sprechen fast alle Zeichen dafür, dass die Bedeutung der RNA zunimmt und es weniger auf die Pole Gen und Protein, sondern mehr auf das ankommt, was sich dazwischen abspielt.

PROTEINSYNTHESE

Die Synthese eines Proteins ist ein sehr komplizierter Vorgang, der hier nur in wenigen groben Zügen vorgestellt werden kann (und für die Geschichte des Gens nicht übermäßig wichtig ist, wohl aber für die Geschichte der Genetik). Der Prozess beginnt mit der Überschreibung (Transkription) einer DNA-Sequenz in eine RNA-Sequenz. Dieses primäre Transkript kann in Bakterien direkt als Messenger (mRNA) verwendet werden; es verlässt den Zellkern und sucht Zellpartikel, die als Ribosomen bezeichnet werden. Diese Gebilde hält die mRNA so fest, dass einige Tripletts exponiert werden, an die eine andere Sorte von RNA anbinden kann, die Transfer-RNA (tRNA) heißt und mit einer Aminosäure beladen ist. Wenn eine tRNA an dem Ribosom andockt, wird die von ihr mitgebrachte Aminosäure abgelöst und mit den anderen Proteinbausteinen verbunden, die mit anderen tRNA-Molekülen herbeigeschafft worden sind. Nach und nach entsteht eine Kette aus Aminosäuren, die sich zuletzt selbständig macht und ihre dreidimensionale Konfiguration ohne genetische Hilfe einnimmt. Wirklich ohne? Inzwischen kennt man Proteine, die bei der Strukturbildung (»Auffaltung«) anwesend sein müssen, damit alles ordentlich zugeht. Sie heißen nach dem französischen Ausdruck für Anstandsdame Chaperone.

Wenn das bisher Gesagte schon schwierig war, so wird das genetische Geschehen noch komplizierter, wenn es um eukaryontische Zellen geht. Hier gibt es die Mosaikgene, was konkret bedeutet, dass dem Primärtranskript, das nach wie vor angefertigt wird, die Sequenzen entnommen werden müssen, die als Introns stumm bleiben sollen. Die Herstellung der mRNA wird als Spleißen bezeichnet. Erst nach der Reifung der RNA, wie es manchmal auch heißt, geht es zu den Ribosomen, die in eukaryontischen Zellen etwas größer sind als in Bakterien, aber im Prinzip ähnlich funktionieren.

Unabhängig von allen ungeklärten Details – die Behauptung, dass Gene Proteine machen, wirkt eher komisch angesichts der genannten Mechanismen. So einfach ist den Genen nicht beizukommen.

CODE

Der genetische Code kann als eine Tabelle dargestellt werden, in der ablesbar ist, wie die Reihenfolge von DNA-Bausteinen eines Gens in die Reihenfolge von Aminosäuren einer Polypeptidkette überführt wird, die selbst Teil eines Proteins ist. Der genetische Code ist nahezu universell (mit einer bekannten Ausnahme in Genen, die in Mitochondrien sitzen) und vor allem dadurch charakterisiert, dass drei Basen – ein Triplett – für eine Aminosäure stehen. Bei vier Basen in der DNA kann die Natur insgesamt 4^3 Tripletts bilden, also 64 Stück, was die Zahl der Aminosäuren (zwanzig) deutlich überschreitet und erkennen lässt, dass der Code redundant ist, selbst wenn noch die Tripletts abgezogen werden, die besondere Signale geben. So gibt es ein Basentrio, das anzeigt, wo die Überschreibung der genetischen Information in der DNA zu beginnen hat: das so genannte Start-Codon. Und es gibt drei Basentrios, die anzeigen, wo die Instruktionen enden und die Überschreibung aufzuhören hat: die so genannten Stopp-Codons. Die sechzig verbleibenden Tripletts legen die zwanzig Aminosäuren und ihre Reihenfolge in einem Protein fest, was zu der spannenden Frage führt, was der genetische Code in Wirklichkeit ist. Eine Tabelle? Eine Summe von Korrelationen? Oder ein Naturgesetz? In diesem historischen Abriss geht es weniger um dieses eher philosophische Thema als um die Frage, wie der Code entdeckt und entschlüsselt worden ist. Die Idee von kodierten Informationen lag nach dem Zweiten Weltkrieg in der wissenschaftlichen Luft, als eine neue Disziplin namens Kybernetik gegründet (1947) und eine Informationstheorie für die Übertragung von Nachrichten vorgelegt wurde (1948). Kurz nach der Entdeckung der Doppelhelix wurden erste Vorschläge unterbreitet, wie die Relation zwischen DNA und Protein aussehen könnte. Zunächst war nur klar, dass nicht eine Base für eine Aminosäure stehen konnte und auch zwei Basen nicht ausreichten, mit denen höchstens 16 Kombinationen möglich waren. Lange weiß man auch nicht, ob der genetische Code nur Wörter oder – wie unsere Schrift – auch Kommas und Punkte zu liefern hat. Und ebenso unklar ist, ob die genetische Information wie ein Text ohne jede Überlappung geschrieben ist oder ob schon mitten in einem Wort ein zweites oder drittes anfangen kann.

Nach vielen falschen Anfängen steht seit 1956 fest, dass der genetische Code mit Tripletts agiert, dass er kommafrei ist und dass es – im Rahmen eines einzelnen Gens – keine Überlappungen gibt. Das Interesse konzentriert sich nun auf die konkrete Zuweisung eines Tripletts zu einer Aminosäure, was damals deshalb ungeheuer schwierig war, weil man weder eine einzige DNA-Sequenz kannte noch einen Weg wusste, um sie zu bestimmen. Die Forschung musste noch zwei Jahrzehnte warten, bis dies möglich wurde. Bis dahin gab es für die wissenschaftliche Neugier nur die Sequenzen von Aminosäuren in Proteinen.

Der entscheidende Durchbruch zur Offenlegung des genetischen Codes kam im Mai 1961. Da trotz der Kenntnis vieler Einzelheiten noch immer umstritten ist, wer was richtig gemacht und gedacht und wer was nur zufällig beobachtet oder später übernommen hat, wird hier nicht behauptet, die wahre Geschichte erzählen zu können. Aber einige Dinge stehen fest, zum Beispiel die Tatsache, dass das entscheidende Experiment von dem deutschen Biochemiker Heinrich Matthaei durchgeführt worden ist, der als Postdoc in dem Laboratorium von Marshall Nirenberg gearbeitet hat, der später mit Nobelpreisehren ausgestattet worden ist. Was Matthaei tat, steht auch fest. Er stellte ein Reaktionsgemisch zusammen, mit dem *in vitro* Proteine hergestellt werden konnten (was ungefähr so zuverlässig funktionierte wie ein kompliziertes Kochrezept, für das schon einige Kochkünste verlangt werden). Matthaei fügte alle zwanzig Aminosäuren, eine chemische Energiequelle, ein paar Standardingredienzien und noch etwas hinzu. Dieses »noch etwas« bestand aus einer künstlich hergestellten RNA, bei der sich ein und derselbe Baustein wiederholte, nämlich der Baustein namens Uracil. Das Uracil spielt in der RNA die Rolle, die das Thymin in der DNA spielt. Wenn eine Zelle ihre DNA in RNA überschreibt, wird Adenin zu Adenin, Cytosin zu Cytosin, Guanin zu Guanin, und nur das Thymin wird zu Uracil, abgekürzt U. Dieses Vorgehen der Natur und der Zellen muss man hinnehmen, ohne es erklären zu können.

Also: Am Nachmittag des 22. Mai 1961, einem Montag, fügt Matthaei die künstlich hergestellte RNA, die nur aus U besteht und folglich im Laborjargon Poly-U heißt, dem ansonsten standardisierten Reaktionsgemisch hinzu – und plötzlich passiert die Sensation. In den Reagenzgläsern fällt etwas aus und dadurch auf. Mit dem Poly-U ist ein Polypeptid entstanden, aber welches? Matthaei braucht den Rest der Woche in Tag- und Nachtarbeit, um seine Identität zu ermitteln. Am Samstag, dem 27. Mai, ist er in den frühen Morgenstunden soweit. Das Polypeptid besteht – wie die eingesetzte RNA – aus einer Kette mit nur einem Glied, der Aminosäure Phenylalanin. Aus UUU oder von der DNA aus gesehen aus TTT wird Phe, wie Biochemiker die genannte Aminosäure abkürzen, und das erste Wort des genetischen Codes ist bekannt.

Und nicht nur das. Mit Matthaeis Erfolg ist klar, wie man vorgehen muss: Alle möglichen synthetischen RNA-Moleküle mit allen möglichen Kombinationen herstellen, dem oben beschriebenen Reaktionsgemisch hinzufügen und das Protein analysieren. Matthaeis

Chef, Leiter einer großen Labororganisation, findet in den frühen sechziger Jahren die anderen Zuordnungen und etabliert den genetischen Code so, wie er heute in den Schul- und Lehrbüchern steht.

REKOMBINATION

Der Ausdruck Rekombination wurde ursprünglich in der Genetik benutzt. Mit ihm bezeichnete man das gemeinsame Auftreten von Eigenschaften in einer nachfolgenden Generation, die bei den Eltern noch getrennt (bei Vater und Mutter) waren. Bald wurde die Basis der Neukombinierung verstanden, da sie im Mikroskop sichtbar wurde. Chromosomen können in dem Vorgang, den man als Crossing-over bezeichnet, ganze Abschnitte austauschen und auf diese Weise die dort befindlichen Gene rekombinieren. Da Chromosomen unter anderem aus durchgängigen DNA-Fäden bestehen, müssen Zellen über Werkzeuge verfügen, einen DNA-Doppelstrang durchzutrennen und wieder zusammenzufügen, wobei jeder einzelne Baustein eines Gens als Zielpunkt der Rekombination in Frage kommt. Diese Werkzeuge wurden als Proteine identifiziert, die als Enzyme, die DNA in der Mitte durchschneiden können, Endonukleasen genannt wurden und werden. In den siebziger Jahren zeigte sich, dass der Schnitt so erfolgen kann, dass ein Stück Einzelstrang am Ende frei bleibt, was natürlich nützlich für das erneute Verbinden ist. Allerdings muss man nicht die DNA-Fragmente verbinden, die man vorher zerstückelt hat. Man kann DNA-Abschnitte aus unterschiedlichen Quellen rekombinieren, etwa aus Bakterien- und Pflanzenzellen. Wer dies ausführt, betreibt Gentechnik, stellt also rekombinierte DNA – oder rekombinante DNA, wie es manchmal im Anklang an das englische *recombinant DNA* genannt wird – her. Rekombinierte DNA kann rekombinierte Proteine hervorbringen, und damit ist eine neue Möglichkeit der Biomedizin bezeichnet, bessere und wirksamere Medikamente herzustellen.

Es ist übrigens die Gentechnik, die sowohl das öffentliche Interesse an den Genen als auch die wissenschaftlichen Möglichkeiten mit ihnen gesteigert hat. Die Rekombination ist das eigentlich spannende Element – in der Wissenschaft, in der Zelle und in der Evolution. Man muss sich dauernd austauschen und erneuern, um mithalten zu können. Die Rekombination ist vermutlich der Schlüssel zum Geheimnis des Lebens. Sie ist der Grund für all unsere Flexibilität, und die Bakterien und ihre Viren wurden für weitere Kreise erst interessant, als man nachweisen konnte, dass sie die Fähigkeit besitzen, ihre genetischen Moleküle zu rekombinieren. Während man sich leicht vorstellen konnte, wie dieser Vorgang bei den Phagen funktioniert – man sorgt dafür, dass ein Bakterium von zwei Phagen gleichzeitig infiziert wird (Mischinfektion), und wartet darauf, dass sich die beiden DNA-Stränge im Inneren der Bakterien treffen und austauschen –, hatte man lange keine Ahnung, wie Bakterien dies zustande bringen. Wie kommen die Gene eines Bakteriums mit den Genen eines anderen Bakteriums in Berührung, wenn sich diese Einzeller nur durch Teilung vermehren?

Tun sie gar nicht, lautet die Antwort. Wenn man (sehr) genau (und geduldig) hinsieht, stellt man fest, dass einige Bakterien die Nähe eines Partners spüren, kleine Fühler zu ihm ausstrecken, die innen hohl sind und durch die DNA-Moleküle geleitet und dann übertragen werden können. Die ersten Wissenschaftler, die dies entdeckt haben, kamen aus Frankreich. Sie liebten es, den Bakterien beim Genaustausch zuzuschauen, und sie dachten sich ein Experiment aus, wie sie die Länge der DNA-Übergabe (»Koitus«) kontrollieren konnten. Bei dem dazugehörigen »Koitus-interruptus-Experiment« sollte gezeigt werden, dass die DNA wie ein Faden im Verlauf der Zeit vom Donor in den Rezeptor gelangt. Je später die Unterbrechung kommt, so die Überlegung, desto mehr Gene können während des Kontakts übertragen worden sein. Genau so ist es.

MUTATION

Unter einer Mutation verstand man ursprünglich eine sprunghafte Veränderung im Erscheinungsbild eines Organismus, etwa seiner Farbe oder seiner Größe, wenn diese Änderung vererbbar ist. Bald meinte der Begriff die erbliche Variation eines Chromosoms, und heute erfasst Mutation alle Möglichkeiten, mit denen die DNA einer Zelle variiert werden kann. Die DNA besteht als Doppelhelix aus einer Folge von Basenpaaren, wobei deren Reihenfolge als genetische Information funktioniert. Änderungen in der DNA-Sequenz – etwa die Änderung eines Buchstabens an einer Stelle, das Auslassen von Buchstaben, die Wiederholung von Sequenzen und so weiter – führen zu Mutationen. Nicht alle Mutationen müssen Auswirkungen im Erscheinungsbild einer Zelle oder eines Organismus nach sich ziehen. Dies hängt zum Beispiel mit der Redundanz des genetischen Codes zusammen, bei dem mehrere Tripletts eine Aminosäure kodieren können. Von Mutationen nimmt man an, dass sie entweder spontan oder durch äußere Einwirkungen wie UV-Licht oder Röntgenstrahlen zustande kommen. Spontan meint so viel wie zufällig, und es leuchtet ein, dass bei der Herstellung von Milliarden Bausteinen von DNA nicht alles perfekt verläuft, sondern sich Fehler einschleichen können. Gene sind auch nicht besser als Menschen. Die Fehler haben ja sogar ihre Funktion, denn wenn alles perfekt zuginge im zellulären Leben, könnte es keine Entwicklung der Art geben, wie sie in der Evolution sichtbar wird. Seit einigen Jahren besteht daher der Verdacht, dass Mutationen gar nicht so zufällig zustande kommen, wie es bislang scheint. Vielmehr könnte es sein, dass die Zelle über Mechanismen verfügt, die die genetischen Moleküle genügend instabil machen, um ausreichend Variationen von ihnen einführen und testen zu können. Es könnte sein, dass ein genaues Verstehen des Auftretens von Mutationen, die über eine Beschreibung ihrer molekularen Details hinausgeht, erst gelingt, wenn man versteht, wie das Innen einer Zelle (mit der DNA) und ihr Außen (also die Umwelt) auf eine Weise zusammenwirken, die man ganzheitlich nennen könnte und die einen gerichteten Prozess ergeben würde.

HOMEO-BOX

Die Geschichte der Homeo-Box wird von einem ihrer Entdecker selbst erzählt, und zwar von Walter Gehring, der immer schon verstehen wollte, *Wie die Gene die Entwicklung steuern* – so der Titel seines Buches. Um dies zu verstehen, muss man mindestens die beiden Aktivitäten von Genen unterscheiden, die durch die Bezeichnungen Strukturgen und Regulatorgen ausgedrückt werden. Auf solch eine differentielle Genaktivität hat übrigens – wer sonst – zum ersten Mal T. H. Morgan hingewiesen, als er 1934 schrieb: »Bei der Interpretation der genetischen Experimente wird meist implizit angenommen, daß alle Gene über die ganze Zeit und auf die gleiche Weise wirken. Diese Annahme bietet jedoch keine Erklärung dafür, daß bestimmte Zellen im Embryo den einen Entwicklungsgang einschlagen, während andere sich in eine andere Richtung entwickeln, falls diese Unterschiede allein durch die Gene bedingt sind. Eine Alternative wäre die Vorstellung, dass verschiedene Batterien von Genen im Verlauf der Entwicklung aktiv werden.«

Dies trifft tatsächlich zu, wie man heute weiß. Nur – wie sammelt man die Evidenz dafür? Ausgangspunkt waren wie so oft Mutanten von *Drosophila*. Bereits 1915 entdeckte Calvin Bridges in Morgans Fliegenraum eine Variante der Fliege, die – wie heute gesagt wird – das Ergebnis einer Mutation in einem homeotischen Gen ist. Mit Homeosis sind dabei Änderungen gemeint, bei denen eine Struktur ausfällt und durch eine ersetzt wird, die einer Struktur ähnelt, die es an anderer Stelle gibt. Konkret können sich statt Antennen Beine im Kopf zeigen – dies ist bei der Antennapedia-Mutante der Fall – oder der Thorax kann partiell verdoppelt auftreten – dies trifft für die

Bithorax-Mutante zu, die 1915 gesichtet wurde. Fliegen, die mit dieser Mutation geboren werden, tragen statt winziger Schwingkölbchen (Halteren) ein zweites (wenn auch verkümmertes) Flügelpaar im Thoraxbereich.

Was die Bithorax-Mutante auszeichnet, konnte erst nach dem Zweiten Weltkrieg erkannt werden. Die Arbeit an diesem Problem ist das Lebenswerk von Ed Lewis, der bis heute in Morgans altem Fliegenraum arbeitet und mit Nobelwürden ausgestattet worden ist. Lewis konnte erst zeigen, dass es dabei um einen ganzen Genkomplex geht, der offenbar durch eine tandemartige Duplikation im Laufe der Evolution entstanden ist, und er konnte weiter zeigen, dass in diesem Komplex einzelne Gene auszumachen sind, die zur Bildung von Körperteilen wie Beinen oder Sinnesorganen führen und deren Morphogenese anstoßen. Nach und nach wurde nach dieser Pioniertat klar, dass es erstens für jedes Körpersegment ein solches Entwicklungsgen gab und dass zweitens diese Gene auf den Chromosomen auch noch so angeordnet sind, wie sie entlang der Körperachse zur Expression kommen. Diese Gene bekamen den Namen homeotische Gene, und sie wurden als Masterkontrollgene verstanden.

Wie sie im Detail gebaut sind, entzog sich solange dem wissenschaftlichen Zugriff, wie es keine Gentechnik und damit die Möglichkeit einer Klonierung der entsprechenden DNA-Abschnitte gab. (Die Genetiker nennen die Zeit vor der Möglichkeit zum Klonieren scherzhaft oft B.C., was nicht »Before Christ« meint, sondern »Before Cloning« abkürzt.) Mit den neuen Methoden (und mit neuen Mutanten) konnte man sich an die Charakterisierung von Masterkontrollgenen machen, und dabei stellte sich heraus, dass es erstens in ihnen ein Segment von 180 Basenpaaren gibt, das allen homeotischen Genen gemeinsam ist, und dass selbst solche Lebensformen homeotische Gene haben, bei denen das Auge äußerlich gar keine Körpersegmente erkennen kann, die es zu spezifizieren gäbe. Die Gene, die helfen, die Identität eines Abschnitts festzulegen, heißen manchmal auch Hox-Gene, und sie scheinen ein zentrales Element in der Evolution von komplexen Bauplänen zu sein. Hox-Gene, die inzwischen bei Ringelwürmern, Krebsen, Insekten und Wirbeltieren nachgewiesen werden konnten, lassen wahrscheinlich bald erkennen, wie sich die Baupläne des Lebendigen seit der Zeit des Kambriums entwickelt haben, die vor 500 Millionen Jahren war. Möglicherweise gewährt die Analyse der entsprechenden Gene auch einen Blick auf den Übergang von den Flossen der Fische zu den Gliedmaßen der Amphibien. Auf jeden Fall hat die Entdeckung der Homeo-Box einen universalen Kontrollmechanismus der Morphogenese ans Licht gebracht.

REPLIKATION

In der legendären Arbeit, mit der Watson und Crick 1953 die DNA als Doppelhelix präsentieren, gibt es gegen Ende den wahrscheinlich meist zitierten Satz der Wissenschaftsliteratur: »It has not escaped our notice that the specific pairing we have postulated immediately suggests a possible mechanism for the genetic material.« Es ist der Aufmerksamkeit von Watson und Crick also nicht entgangen, dass die spezifische Paarung der Basen, die sie in ihrem Modell vorschlagen, unmittelbar zu erkennen gibt, wie das genetische Material verdoppelt werden kann. Es geht um die Replikation der DNA, wie es in der Fachsprache zunächst heißt, bevor allgemeiner von der DNA-Synthese die Rede ist.

Watson und Crick meinen, dass der Doppelstrang getrennt wird und dann jeder Einzelstrang als Vorlage (Matrize) für die Anfertigung einer neuen Doppelhelix dient. Auf diese Weise gehen aus einem Gen zwei hervor – im Prinzip wenigstens. Doch wie so oft steckt der liebe Gott – oder der Teufel – im Detail, und davon gibt es bei der Replikation von DNA genug. Nachdem zunächst in einem sehr eleganten Versuch von Franklin Stahl und Matthew Meselson im Jahre 1958 gezeigt werden konnte, dass die Synthese von DNA tatsächlich dadurch funktioniert, dass zwei (alte) Einzelstränge in zwei (halbneue) Doppelstränge verwandelt werden, blieb noch lange unklar, wie zum Beispiel die hermetisch verriegelte Doppelhelix geöffnet wird und wie die Verdrillung des Fadens berücksichtigt und entspannt wird. Bei der Erforschung sind viele unerwartete Einzelheiten zutage getreten, etwa dass auf den ersten Stücken der zu replizierenden DNA keine DNA-, sondern RNA-Bausteine aufgesetzt werden. Sie heißen nach ihrem Entdecker Okazaki-Fragmente und werden später wieder entfernt werden und DNA-Bausteinen weichen. Außerdem hat die Zelle ein umfangreiches Arsenal an Instrumenten (Proteinen) entwickelt, um die sich doch unentwegt und rasch vollziehende Replikation auf Fehler hin zu untersuchen. Molekulare Korrekturleser sind permanent im Einsatz, um Kopierfehler zu finden und zu beheben. Die Gene einer Zelle beziehungsweise ihre DNA befinden sich höchst selten im Zustand der Ruhe, wie es das Bild der Doppelhelix suggeriert, mit dem Watson und Crick die Welt verblüfft haben. Sie werden vielmehr unentwegt vermehrt, verlesen, stabilisiert und ausgebessert.

DOGMA DER MOLEKULARBIOLOGIE

Das Dogma der Molekularbiologie ist denkbar einfach. Es besagt, dass die Information in einer Zelle von der DNA zur RNA und von dort zu einem Protein fließt, aus dem sie nicht mehr herauskommen kann. Diese Ansicht der fünfziger Jahre des 20. Jahrhunderts weichte der Vater des Dogmas, Francis Crick, selbst im Verlauf der sechziger Jahre auf, als er weitere Wege der Information hinzufügte, etwa den von der DNA zu sich selbst, wie es bei der Replikation der Fall ist, oder den von der RNA zu sich selbst. Crick konnte sich auch vorstellen, dass die DNA-Sequenzen direkt auf ein Protein Einfluss nahmen, und er rechnete sogar mit der Möglichkeit, den Weg von der DNA zur

RNA auch umgekehrt zu gehen, was dann in den siebziger Jahren tatsächlich nachgewiesen werden konnte. Doch trotz dieser Erweiterung oder Erweichung des Dogmas hält sich unter den Molekularbiologen die Rede von den Einheiten Gen (DNA), RNA und Protein, obwohl die modernen Techniken der Genetik den Zugriff zu drei anderen und umfassenderen Einheiten eröffnen: 1) zum Genom mit seinen Sequenzen, 2) zu dem kompletten Spektrum an transkribierten RNA-Molekülen, für das manchmal – in Analogie zum Genom – der Ausdruck Transkriptom benutzt wird, und 3) zu dem Gesamtbestand an Proteinen in einer Zelle, der inzwischen als Proteom Karriere macht. Das moderne Dogma der Molekularbiologie müsste versuchen, den alten Dreischritt DNA – RNA – Protein in den neuen Dreischritt Genom – Transkriptom – Proteom zu erweitern, bei dem sich dann vielleicht die Wege für das Verteilen der biologischen Information zeigen, die immer noch fehlen, um dahin zu kommen, wo die Biologie eigentlich hin möchte – nämlich zum Erscheinungsbild eines Organismus.

INTERDISZIPLINARITÄT

Es ist wichtig zu betonen, dass die moderne Genetik von Anfang an als eine interdisziplinäre Wissenschaft begründet worden ist und gar nicht anders betrieben werden kann. Der erste entscheidende Schritt in die Molekularbiologie gelingt, als sich ein Physiker, Max Delbrück, und ein klassischer Genetiker, Nicolai Timoféef-Ressovsky, zusammentun, um die Natur der Genmutation zu erkunden. Bakteriengenetik entsteht, als ein Physiker, erneut Delbrück, mit einem Mediziner, Salvatore Luria, nach den Ursachen von Mutationen fragt. Und besonders deutlich lässt sich die Bedeutung der Interdisziplinarität am Beispiel der Entdeckung der Doppelhelix zeigen, die eben nicht denjenigen gelungen ist, die sich streng an die Grenzen ihrer Disziplinen gehalten haben, sondern denjenigen, die mutig genug waren, sich von Anfang an darüber hinweg zu setzen, auch wenn dies zunächst viel Ärger mit sich gebracht hat. Wer die Struktur der DNA erkunden will, muss natürlich etwas von Genetik verstehen; er muss die Bakterien als Quelle der DNA kennen und also etwas von Bakteriologie verstehen; er muss Kristalle züchten können, und also etwas von Festkörperphysik verstehen; er muss Röntgenstrukturanalysen durchführen, und also etwas von Kristallographie verstehen; er muss die Bindung zwischen Basen beschreiben können, und also etwas von physikalischer Chemie verstehen, und so weiter und so fort. Das Problem steckt dabei in der Vielzahl der Disziplinen, die niemand komplett lernen und umfassend beherrschen kann, bevor er sich an die Arbeit macht. Natürlich muss man eine Wissenschaft – etwa die Biochemie – gründlich studieren, aber man muss versuchen, von Kollegen zu erfahren, was aus ihrer Sicht für eine Fragestellung wichtig ist. Zuviel Fachwissen kann den Blick für die Lösung versperren, wie der Volksmund weiß, der Menschen kennt, die vor lauter Bäumen den Wald nicht sehen. Die Geschichte der Genetik ist ein Triumph der Interdisziplinarität, was sich auch so ausdrücken lässt, dass die Molekularbiologie eine kooperative und sozial organisierte Wissenschaft ist, die nicht durch große Einzelpersönlichkeiten, sondern erst in Gruppen – etwa Morgans Fliegenschule – und Paaren – wie Watson und Crick – und dann in immer größeren Teams operierte und funktionierte. Diese Teams können sich industriell oder akademisch formieren – mit dem Konsortium als derzeitigem Höhepunkt, dem wir die im Februar 2001 publizierte Sequenz des menschlichen Genoms verdanken.

IRRTÜMER

In einem Buch über das Gen oder die Gene sollte auf einige Irrtümer hingewiesen werden, die über Gene verbreitet sind. Da ist zum Ersten die Überzeugung, dass Gene sich selbst verdoppeln. Gene allein tun nichts. Sie liegen als molekulare Gebilde eher hilflos in den Zellen herum, und sie benötigen Hilfe für alles. Die Replikation von DNA – also die Verdopplung eines Gens – gelingt nur mit Hilfe von Proteinen (und RNA-Molekülen), so dass es richtig heißen muss, dass Proteine Gene verdoppeln.

Der zweite populäre Irrtum besagt, dass Gene Proteine machen (nach der alten Ein-Gen-ein-Protein-Hypothese). Wenn überhaupt, dann lässt sich sagen, Gene spezifizieren Proteine. Was das Machen angeht, so braucht es dazu erneut Proteine (und mehr), und eigentlich müsste man sagen, dass Proteine (mit Hilfe einiger anderer Moleküle, die nicht DNA sind) Proteine machen.

Der dritte gängige Irrtum über Gene besagt, dass sie Eigenschaften hervorbringen. Schon Johannsen sprach von Genen für Bohnenfarbe oder Genen für Stengellänge. Da war Mendel schon weiter, demzufolge sich nur sagen lässt, dass die (vererbbaren) Unterschiede zwischen zwei Organismen auf Unterschiede bei den Genen zurückgeführt werden können. Aus dem Vorhandensein eines Gen folgt noch wenig, erst aus dem Vorhandensein eines Unterschieds zwischen Genen folgt mehr. Es lebe der Unterschied.

Wie sehr der Gedanke von den ›Charaktergenen‹ heute in den Menschen festsitzt und dabei das Denken beeinflusst, hat Werner Bartens an vielen Beispielen in seinem Buch *Die Tyrannei der Gene* vorgestellt, von denen zwei hier aufgeführt werden sollen. Er berichtet etwa von Fußballreportern, die den Spielern wenig erfolgreicher Mannschaften bescheinigen, ohne ein »Killergen« anzutreten, das entscheidend beim Torschuss helfen soll. Oder er erzählt, dass Joe Cocker seine unstete Lebensweise durch ein Gen erklärt, »das auf Selbstzerstörung programmiert ist und in regelmäßigen Abständen die Übermacht gewinnt«.

Der Biologe David Jackson hat 1995 davor gewarnt, den Einfluss der Unterhaltungsindustrie auf das öffentliche Verständnis der Genetik auf die leichte Schulter zu nehmen: »Schließlich sind es nicht wissenschaftliche Tagungen, von denen die meisten Leute etwas über Molekularbiologie und Gentechnik lernen, sondern Filme und Bücher wie *Jurassic Park*, *Boys from Brazil* etc.«

Doch nicht nur auf diese Weise kann in der Öffentlichkeit ein völlig falsches Verständnis für Gene entstehen. Dies geht auch durch die Experten selbst, die stark in ihren Ansichten schwanken können und sich gerne dem Zeitgeist unterwerfen. Als Beispiel sei auf die Frage verwiesen, was für den Schulerfolg (Intelligenz) eines Kindes verantwortlich ist. Heute bekommt man nahezu ausschließlich etwas von Genen als Antwort zu hören, während in den politisch bewegteren sechziger Jahren jeder Hinweis auf die Natur des Menschen als diskriminierend angesehen wurde und alle Schuld für ein Versagen in der Umwelt gesucht wurde, die damals noch Milieu hieß.

Wie wenig sich die Genetik bis heute aus der sprachlichen Falle befreit hat und nach wie vor Irrtümer verbreitet, zeigt eine kürzlich in *Science* erschienene Kritik des Amerikaners Dean Hamer, der dringend rät, die Verhaltensgenetik zu überdenken, die ein äußerst aktives Forschungsfeld darstellt, das uns laufend über Verbindungen zwischen Genorten und beispielsweise aggressivem Verhalten oder Angstzuständen informiert. Das Problem – so Hamer – sind weder die Daten noch die Methoden der Genetiker. Das Problem steckt in der Interpretation, die allzu gerne übersieht, dass ein postulierter Zusammenhang zwischen einem Gen und einer Verhaltensweise bestenfalls für eine kleine Gruppe von Personen zutrifft, die zweitens gerne den kulturellen Hintergrund ignoriert, und die drittens außer Acht lässt, dass eine Verhaltensweise – etwa die Lust, Sport zu treiben – von Hunderten oder Tausenden Genen abhängen wird, die alle unterschiedlich reguliert sein können. Der Hauptirrtum steckt vermutlich in der Annahme, dass eine Interpretation von Genen allein von Naturwissenschaftlern geliefert werden kann, die meinen, es reiche, den genetischen Text zu lesen. Man muss ihn vielmehr verstehen und deuten, und dafür ist eine andere Fakultät zuständig.

GLOSSAR

Allel – Die alternative Version einer DNA-Sequenz, meist eines Gens. In menschlichen Körperzellen finden sich zwei Exemplare jeder Gensequenz; die eine stammt von der Mutter, die andere vom Vater. *s. S. 11, 16, 96*

Aminosäure – Der Baustein für ein Protein; von der Natur werden 20 Aminosäuren eingesetzt, um Proteine zu bilden. *s. S. 38, 57 ff., 104 ff.*

Antikörper – Ein Protein, das vom Immunsystem angefertigt wird und in der Lage ist, Fremdstoffe zu binden (zu erkennen) und aus dem Verkehr zu ziehen. *s. S. 39, 77 ff.*

Bakteriophagen – Viren, die in Bakterien eindringen, sich dort vermehren können und beim Austritt ihren Wirt zerstören (auflösen); molekular gesehen sind Bakteriophagen Gebilde aus ▸ DNA und ▸ Protein. *s. S. 30, 56*

Basenpaar – Die Kombination der Basen Adenin (A) und Thymin (T) beziehungsweise Guanin (G) und Cytosin (C), die das Zentrum der Erbsubstanz ▸ DNA bilden. *s. S. 46 f., 73, 110*

cDNA – Die ▸ DNA, die mit Hilfe eines ▸ Enzyms namens ▸ Reversen Transkriptase aus einer RNA-Vorlage gefertigt (kopiert) wird. *s. S. 71 ff.*

Chromosom – Der allgemeine Name für die Struktur, in der sich das Erbmaterial einer Zelle befindet; die Chromosomen ▸ eukaryontischer Zellen können im Lichtmikroskop sichtbar werden, was den Namen – zu übersetzen als »farbige Körper« – erklärt. *s. S. 12 ff., 68, 103*

Code – Der genetische Code legt fest, wie in der Natur eine DNA-Sequenz in die Reihenfolge der Bausteine übersetzt wird, aus denen ein ▸ Protein besteht. Dabei kodiert eine Folge von drei Basen (Triplett) eine ▸ Aminosäure. *s. S. 55 ff., 97 f., 105 ff.*

Diploid – Deutet das Vorhandensein von zwei Sätzen von ▸ Chromosomen beziehungsweise Genen an; in diploiden Zellen sind die Chromosomen paarweise vorhanden (▸ haploid). *s. S. 13*

DNA (Desoxyribonukleinsäure) – Die Trägerin der genetischen Information. *s. S. 36 ff., 54 ff., 97 ff.*

Domäne – Teil einer Proteinstruktur, die eine eigenständige Funktion erkennen lässt; eine Domäne wird von einem ▸ Exon kodiert. *s. S. 78, 90 f.*

Enhancer – Eine DNA-Sequenz, mit deren Hilfe die Transkriptionsrate eines Gens verstärkt wird. *s. S. 75 f.*

Enzym – Der Name für die ▸ Proteine, die eine chemische Reaktion ermöglichen (katalysieren), die ohne ihre Mithilfe nicht stattfinden könnte. *s. S. 48 ff., 62 ff., 70 f.*

Eukaryont – Ein Organismus, dessen Zellen eine komplexe innere Struktur haben; Tiere, Pflanzen und Pilze zählen dazu (▸ Prokaryont). *s. S. 68 ff., 74 f., 104 f.*

Evo-Devo – Die modische Abkürzung für das Forschungsprogramm, das evolutionäre und entwicklungsbiologische Geschehen unter einen theoretischen Hut zu bringen. *s. S. 89*

Exon – Die informative, proteinkodierende Sequenz eines Gens (▸ Intron). *s. S. 75 ff., 86, 90*

Expression – Die Verwendung eines Gens, dessen Information gelesen und in ein Protein umgesetzt wird; das Verb für den Vorgang lautet »exprimieren«. s. S. 63, 75, 112

Genom – Das gesamte genetische Material einer Zelle (oder eines Organismus). s. S. 12, 86 ff., 115 f.

Genort – Die Position, die man einem Gen auf einem ▸ Chromosom zuordnen kann. s. S. 16, 118

Gentechnik – Die Möglichkeit, ▸ DNA aus Zellen zu isolieren, in Reagenzgläsern zu zerlegen und neu zusammenzusetzen und anschließend die rekombinierte DNA so erneut in Zellen einzusetzen, dass es zur ▸ Genexpression kommt. s. S. 67 ff., 83 f., 108 f.

Haploid – Weist auf das Vorhandensein eines einfachen Satzes von ▸ Chromosomen hin; Ei- und Samenzelle des Menschen sind haploid (▸ diploid). s. S. 13

Homeosis – Ursprünglich die Veränderung etwa eines Körperteils, bis er einem anderen sehr ähnlich wird; heute mehr die Transformation eines Körpersegments (beispielsweise einer Antenne bei Fliegen) in die entsprechenden Strukturen eines anderen Segments (etwa eines Beines). s. S. 90, 111

Homeo-Box – Ein im Verlauf der Evolution stark konserviertes DNA-Stück (▸ Exon) von 180 Basenpaaren Länge, das sich in allen (homeotischen) Genen findet, die Identität und Reihenfolge von Körpersegmenten spezifizieren. s. S. 90 f., 111 ff.

Homeodomäne – Domäne eines ▸ Proteins, die 60 ▸ Aminosäuren umfasst und mit diesen die Proteine an ihre Zielgene anbindet. s. S. 90

Intron – Eine DNA-Sequenz, deren Information nicht in eine Proteinstruktur eingeht und die zwischen den kodierten Sequenzen
(▸ Exons) liegt; ein Intron wird transkribiert, dann aber ausgeschnitten. *s. S. 75 ff., 90, 105*

Mosaikgen – Ein schönes Wort für die ▸ Exon-Intron-Strukturierung
▸ eukaryontischer Gene. *s. S. 73, 76, 104*

mRNA (Boten-RNA) – Das Molekül, dessen Sequenz nur noch die
Information für die Reihenfolge der ▸ Aminosäuren in einem ▸ Protein
enthält; dient als Schablone für dessen Synthese. *s. S. 60, 71 ff., 104 f.*

Mutation – Eine Veränderung im Genom, bezogen auf einen Nor-
malzustand (▸ Wildtyp). *s. S. 35 ff., 86 ff., 110 ff.*

Nukleinsäure – Eine organische Säure, die aus Zellkernen isoliert
werden kann. *s. S. 29, 37 f., 101*

Nukleotid – Der Baustein, der sich in ▸ DNA und ▸ RNA findet; in ihnen
verbinden sich Nukleotide zu langen Molekülen. *s. S. 44, 54, 101 f.*

Operator – Die DNA-Sequenz, von der aus ein ▸ Operon reguliert
wird. *s. S. 64 f.*

Operon – Eine Gruppe von aneinandergrenzenden Genen in Bakterien, die gemeinsam reguliert werden. *s. S. 64 f., 89, 91*

Pangenese – Die Idee, dass alle Körperzellen einen Beitrag zur Vererbung leisten, wobei kein Mechanismus dafür bekannt ist, wie die
Keimzellen damit ausgerüstet werden sollen. *s. S. 7*

Polymerasen – Name für ▸ Enzyme, die als DNA-Polymerasen DNA-Stränge und als RNA-Polymerasen ▸ RNA herstellen können. *s. S. 64*

Polypeptidkette – ▸ Proteine heißen auch Polypeptide, weil ihre Bausteine, die ▸ Aminosäuren, immer auf dieselbe Weise verbunden sind, die Chemiker als Peptidbindung bezeichnen. *s. S. 62 f., 76 ff., 102*

Prokaryont – Zellen ohne eigenständigen und abgetrennten Kern, zum Beispiel Bakterien (▸ Eukaryonten). *s. S. 68*

Promotor – Die DNA-Region, an der die Überschreibung von ▸ DNA in ▸ RNA beginnt. *s. S. 64 f.*

Protein – Große Moleküle, die aus vielen kettenartig verbundenen ▸ Aminosäuren bestehen; die Reihenfolge der Aminosäuren wird von einer DNA-Sequenz im Genom festgelegt, wobei die Übertragung mit Hilfe des ▸ genetischen Codes stattfindet. *s. S. 38 ff., 54 ff., 71 ff.*

Pseudogen – Eine DNA-Sequenz, die wie die eines Gens aussieht, ohne zu funktionieren. *s. S. 87*

Rekombination – Der Vorgang, durch den ▸ DNA zwischen zwei Chromosomenpaaren während der Entstehung von Ei- und Samenzellen ausgetauscht wird. *s. S. 18 ff., 67 f., 108 f.*

Rekombinierte DNA – ▸ DNA, die mit Hilfe der Gentechnik im Reagenzglas neu zusammengesetzt worden ist. *s. S. 68 f., 108*

Repressor – Ein ▸ Protein, das sich auf ein DNA-Segment setzt und die Expression eines Gens unterbindet. *s. S. 64 f., 89*

RNA (Ribonukleinsäure) – Vielseitiges Molekül, das bei vielen Aktivitäten der Zelle eine Rolle spielt, unter anderem bei der Herstellung von ▸ Proteinen. *s. S. 57 ff., 70 ff., 102 ff.*

Strukturgen – Ein Gen, das zu einem ▸ Protein (beziehungsweise zu einer Polypeptidkette) führt. *s. S. 63, 74, 111*

Transgen – Ein Organismus, dem ein fremdes Gen eingesetzt worden ist, heißt transgen. *s. S. 84*

Transkription – Die Herstellung von ▸ RNA aus ▸ DNA (die Übertragung einer DNA-Sequenz in eine RNA-Sequenz). *s. S. 75 f., 81, 104*

Translation – Die Verwendung von ▸ mRNA zur Herstellung eines ▸ Proteins. *s. S. 76, 81*

Triplett – Eine Folge von drei Basen in einer DNA-Sequenz, die eine ▸ Aminosäure kodiert und ihren Einbau in ein ▸ Protein veranlasst. *s. S. 98, 104 ff., 110*

Wildtyp – Eigentlich die Form eines Organismus, die sich in der Natur (in der Wildnis) findet; im Laboratorium der Stamm, von dem aus Abweichungen (▸ Mutationen) definiert werden. *s. S. 17, 50, 60*

PERSONENREGISTER

Literaturhinweise

ALLGEMEINE HINWEISE

Beurton, Peter, Falk, Raphael und Rheinberger, Hans-Jörg (Hg.): The Concept of the Gene in Development and Evolution – Historical and Epistemological Perspectives. Cambridge 2000. In diesem Band wird die Geschichte des Gens ausführlich und auf hohem Niveau diskutiert. Zusätzlich findet man eine Fülle von weiterführenden Literaturhinweisen.

Brock, Thomas: The Emergence of Bacterial Genetics. Cold Spring Harbor 1990. Zur Entwicklung der Bakteriengenetik.

Carlson, E.A.: The Gene: A Critical History. Philadelphia 1966. Hier wird eine frühe Gengeschichte erzählt.

Coen, Enrico: The Art of Genes. Oxford 1999. Hier wird die Frage, wie Gene für die Entwicklung sorgen, etwas anders diskutiert und erörtert.

Fox Keller, Evelyn: Das Jahrhundert des Gens. Frankfurt 2000. Sehr spannende und unkonventionelle Diskussion des Gens.

Fischer, Ernst Peter: Max Delbrück – Der Wegbereiter der Molekularbiologie. Konstanz 1985. Hier wird die Bedeutung der Physik und die Rolle von Delbrück dargestellt.

Fischer, Ernst Peter: Gene sind anders. Hamburg 1988.

Fischer, Ernst Peter: Die andere Bildung. München 2001. Einige der Gedanken über die Bedeutung und Rolle der Gene finden sich in dem Kapitel »Was ist Leben?«.

Gehring, Walter: Wie Gene die Entwicklung steuern. Basel 2001. Hier informiert der Mitentdecker der Homeobox über deren Geschichte.

Henig, Robin Marantz: Der Mönch im Garten – Die Geschichte des Gregor Mendel und die Entdeckung der Genetik. Berlin 2001. Die neueste Biographie von Mendel.

Jacob, François: Die Logik des Lebenden. Eine Geschichte der Vererbung. Frankfurt 1972.

Johannsen, Ivar: Meilensteine der Genetik. Hamburg 1980. Hier sind die Beiträge von Wilhelm Johannsen und William Bateson sehr übersichtlich dargestellt.

Kay, Lily: Who Wrote The Book of Life? Stanford 2000. Sehr umfang- und detailreich wird die Entdeckung des genetischen Codes hier geschildert.

Kornberg, Arthur: DNA Synthesis. San Francisco 1974. Die Replikation der DNA wurde von niemandem ausführlicher erforscht. In späteren Auflagen wurde das Lehrbuch umbenannt in: DNA Replication. San Francisco 1980.

Mayr, Ernst: Die Entwicklung der biologischen Gedankenwelt. Berlin 1984. Eine sehr ausführliche Geschichte der Genetik.

Morange, Michel: A History of Molecular Biology. Cambridge (Mass.) 1998. Hier wird eine knappe, aber gehaltvolle Geschichte der Molekularbiologie erzählt. Vom gleichen Autor gibt es eine spannende konzeptionelle Diskussion über The Misunderstood Gene. Oxford 2000.

Morgan, T. H., Sturtevant, A., Muller, H. J. und Bridges, C.: The Mechanism of Mendelian Heredity. New York 1915.

Portugal, Franklin und Cohen, Jack: A Century of DNA. Cambridge (Mass.) 1977. Hier wird die Entdeckung der DNA ausführlich dargestellt.

Rheinberger, Hans-Jörg: Experimentalsystem und epistemische Dinge. Göttingen. 2001. Hier findet man eine Geschichte der Proteinsynthese im Reagenzglas.

Stent, Gunther S. (Hg.): The Double Helix – A Personal Account of the Discovery of the Structure of DNA. New York 1980. Die beste Erzählung über die Entdeckung der Doppelhelix stammt von Watson selbst; der Text des Buches ist zusammen mit anderen Beiträgen zur Geschichte der Genetik in diesem Band in der Reihe Norton Critical Edition erschienen.

Literaturhinweise

EINIGE KLASSISCHE ARBEITEN
IN DER GESCHICHTE DES GENS

Avery, O. T., MacLeod, C. M. und McCarty, M.: »Studies on the Chemical Nature of the Substance Inducing Transformation of Pneumococcal Types. I. Induction of Transformation by a Desoxyribonucleic Acid Fraction Isolated from Pneumococcus Type III«. In: Journal of Experimental Medicine 79 (1944), S. 137–158. Zur Entdeckung der DNA als Erbmaterial.

Beadle, G. W. und Tatum, E. L.: »Genetic Control of Biochemical Reactions in Neurospora«. In: Proceedings of the National Academy of Science 27 (1941), S. 499–506. Begründung der »Ein-Gen-ein-Enzym-Hypothese«.

Botstein, D., White, R. L., Skolnick, M. und Davies, R. W.: »Construction of a Genetic Linkage Map in Man Using Restriction Fragment Polymorphism«. In: American Journal of Human Genetics 32 (1980), S. 314–331. Hier wird der Beginn einer neuen Genetik markiert.

Breathnach, R., Mandell, J. L. und Chambon, P.: »Ovalbumin gene is split in chicken DNA«. In: Nature 270 (1977), S. 314–319. Bericht über die Entdeckung der zerstückelten Gene.

Cohen, S., Chang, A., Boyer, H. und Helling, R.: »Construction of biologically functional bacterial plasmids in vitro«. In: Proceedings of the National Academy of Science 70 (1973), S. 3240–3374. Erfindung der Gentechnik.

Crick, F. H. C.: »On Protein Synthesis«. In: Symposium of the Society for Experimental Biology 12 (1958), S. 155–159. Beschreibung der Proteinsynthese.

Crick, F. H. C., Barnett, L., Brenner, S. und Watts-Tobin, R. J.: »General nature of the genetic code for proteins«. In: Nature 192 (1961), S. 1227–1232. Erklärung des genetischen Codes.

Gilbert, W.: »Why genes in pieces?«. In: Nature 271 (1978), S. 501. Erste klare Äußerung über Mosaikgene.

Hershey, A. D. und Chase, M.: »Independent Functions of Viral Protein and Nucleic Acid in Growth of Bacteriophage«. In: Journal of General Physiology 36 (1952), S. 39–56. Hier wird die Rolle der DNA bei Phagen bestimmt.

Jacob, F. und Monod, J.: »Genetic Regulatory Mechanisms in the Synthesis of Proteins«. In: Journal of Molecular Biology 3 (1961), S. 318–356. Hier wird zum ersten Mal die Regulation von Genen erläutert.

Lewis, E.: »A gene complex controlling segmentation in Drosophila«. In: Nature 276 (1978), S. 565–570. Beschreibung der komplexen Gene der Entwicklung.

Luria, S. E. und Delbrück, M.: »Mutations of Bacteria from Virus Sensitivity to Virus Resistance«. In: Genetics 28 (1943), S. 491–511. Hier findet sich der Fluktuationstest.

McClintock, B.: »Controlling elements and the gene«. In: Cold Spring Harbor Symposia on Quantitative Biology 21 (1957), S. 197–216. Über die Entdeckung springender Gene.

McGinnes, W., Levine, M., Hafen, E., Kuroiwa, A. und Gehring, W. J.: »A conserved DNA sequence found in homeotic genes of the Drosophila Antennapedia and bithorax complexes«. In: Nature 308 (1984), S. 428–433. Die Autoren finden die Homeobox in homeotischen Genen.

Mendel, Gregor: Versuche über Pflanzen-Hybride. Verhandlungen des naturforschenden Vereins in Brünn, Band IV für das Jahr 1865; Abhandlungen (1866): 3–47. Das ist die klassische Arbeit zum Ursprung der Genetik. Die englische Übersetzung findet sich in Bateson, William: Mendel's Principles of Heredity. Cambridge 1902, S. 40–95.

Literaturhinweise

Morgan, T. H: »Sex Limited Inheritance in Drosophila«. In: Science 32 (1910), S. 120–122. Morgan findet den ersten Ort eines Gens.

Nüsslein-Volhard, C. und Wieschaus, E.: »Mutations affecting segment number and polarity in Drosophila«. In: Nature 287 (1980), S. 795–801. Entdeckung der Gene für die Entwicklung.

Pardee, A., Jacob, F. und Monod, J.: »The Genetic Control and Cytoplasmic Expression of ›Inducibility‹ in the Synthesis of Beta-Galactosidase by E. coli«. In: Journal of Molecular Biology 1 (1959), S. 165–178. Hier findet sich der Nachweis der mRNA.

Sanger, F. und Thompson, E. O. P.: »The amino acid sequence in the glycyl chain of insulin«. In: Biochemical Journal 53 (1953), S. 353–374. Hier wird die Sequenz des Hormons Insulin vorgestellt.

Sturtevandt, A.: »The Linear Arrangement of Six Sex-Linked Factors in Drosophila«. In: Journal of Experimental Zoology 14 (1913), S. 43–59. Sturtevandt fertigt die erste Genkarte an.

Timoféef-Ressovsky, N., Zimmer, K. G. und Delbrück, M.: »Über die Natur der Genmutation und der Genstruktur«. In: Nachrichten der Gesellschaft der Wissenschaften Göttingen, Mathematisch-physikalische Klasse 6 (1935), S. 189–245. Zum Gen als Atomverband.

Watson, J. D. und Crick, F. H. C.: »Molecular Structure of Nucleic Acids: A Structure for Desoxyribonucleic Acid«. In: Nature 171 (1953), S. 737–738. Hier wird die Entdeckung der Doppelhelix verkündet.

EINIGE PHILOSOPHISCHE TEXTE ZUM GEN

Falk, R.: »What is a gene?«. In: Studies in the History and Philosophy of Science 17 (1986), S. 133–173.

Fogle, T.: »Are genes the units of inheritance?«. In: Biology and Philosophy 5 (1990), S. 349–371.

Goldschmidt, R.: »The theory of the gene«. In: Science Monthly 46 (1938), S. 268–273.

Muller, H. J.: »The gene. Proceedings of the Royal Society London«. In: Series B 135 (1947), S. 1–37.

Waters, K.: »Genes made molecular«. In: Philosophy of Science 61 (1994), S. 163–185.

Für Dorothee, die weiß, dass man nur urteilen kann, wenn man die Geschichte kennt.

Abbildungsnachweise: S. 17 nach: C. Bresch und R. Hausmann, Klassische und molekulare Genetik, Springer 1970; S. 21 nach: Proceedings of the Royal Society of London 94 B (1922), S. 187; S. 73, 79, 81, 90 nach: E. Passarge: Taschenatlas der Genetik; S. 75 nach: M. Singer u. P. Berg: Genes & Genomes; S. 91 nach: W. Gehring: Wie Gene die Entwicklung steuern. Da mehrere Rechteinhaber trotz aller Bemühungen nicht feststellbar oder erreichbar waren, verpflichtet sich der Verlag, nachträglich geltend gemachte rechtmäßige Ansprüche nach den üblichen Honorarsätzen zu vergüten.